Silvia Dreiling

Doping im Freizeitsport

Können natürliche Substanzen den Missbrauch einschränken?

Bibliografische Information der Deutschen Nationalbibliothek:

Die Deutsche Nationalbibliothek verzeichnet diese Publikation in der Deutschen Nationalbibliografie; detaillierte bibliografische Daten sind im Internet über http://dnb.d-nb.de abrufbar.

Impressum:

Copyright © Science Factory 2019

Ein Imprint der GRIN Publishing GmbH, München

Druck und Bindung: Books on Demand GmbH, Norderstedt, Germany

Covergestaltung: GRIN Publishing GmbH

Abstract

Doping ist heute ein gängiger Begriff und das nicht nur im Spitzensport. Wir leben in einer Leistungsgesellschaft, in der das Streben nach Leistungssteigerung dazu geführt hat, dass mittlerweile auch im Freizeit- und Breitensport Dopingmittel und -methoden keine Seltenheit mehr sind. Das Problem ist, dass sich nur wenige Menschen über die verschiedenen Mittel und Methoden zur Leistungssteigerung informieren und ihre gesundheitlichen Risiken nicht bedenken oder schlichtweg ignorieren. Da Doping ein fortwährendes Problem darstellt, scheint es umso wichtiger, präventive Maßnahmen zu ergreifen und das Bewusstsein in unserer Gesellschaft zu steigern. Ziel dieser Arbeit ist es daher, einen Überblick über das Thema „Doping", sowie über natürliche Dopingalternativen zur Leistungssteigerung zu geben. Dazu wird ein Vergleich zwischen synthetischen Dopingmitteln und -methoden und alternativen, natürlichen Dopingmitteln und -methoden hinsichtlich ihrer leistungssteigernden Wirkung und ihrer gesundheitlichen Risiken hergestellt. Zusammenfassend zeigt sich, dass es sehr viele synthetische Mittel und Methoden gibt, die nachweislich die Leistung steigern, jedoch nur relativ wenig natürliche. Eine Wirksamkeit vieler natürlicher Substanzen und Methoden kann teilweise belegt oder nur vermutet werden, da bis dato zu wenig wissenschaftliche Ergebnisse vorliegen. Ein direkter Vergleich der Effektivität von synthetischen und natürlichen Dopingmitteln und -methoden mithilfe aussagekräftiger Daten ist deshalb noch nicht möglich. Fakt ist jedoch, dass durch „natürliche Dopingmittel" durchaus eine Steigerung der Leistungsfähigkeit mit geringeren gesundheitlichen Risiken möglich ist und dieses Potenzial von Sportlerinnen und Sportlern genutzt werden sollte. Insbesondere aus gesundheitlichen und ethischen Gründen sind natürliche, leistungssteigernde Mittel zu bevorzugen.

* * *

The term "doping" is not only well-known in elite sports, today. We live in a performance-oriented society, and the longing for improvement has led to the fact that doping substances and methods have become common in leisure sports, too. The problem is that only few people are well-informed about those substances and methods and often blindly ignore possible health risks. Since doping is a perennial problem in our society, it seems that preventive measures are even more important to raise people's awareness. Therefore, the aim of this paper is to provide a comprehensive overview about doping and its possible alternative or natural ways of increasing performance in sports. For this purpose, synthetic and natural doping methods and substances are compared regarding their effects on performance and

Abstract

human health. Overall, it can be said that there are numerous synthetic doping substances and methods but only few natural ones which significantly increase sports
performance as there is a general lack of adequate scientific findings. Consequently,
a direct comparison of the efficiency of synthetic and natural doping substances
and methods has not yet been possible. Natural doping is nevertheless a useful
means by which an increased performance with simultaneous low health risks can
be achieved and thus should be considered by athletes. Especially due to health or
ethical reasons, natural performance enhancers should be preferred.

Inhaltsverzeichnis

Abbildungsverzeichnis

1 Einleitung

Schneller, höher, stärker – diese drei Worte haben in unserer Gesellschaft im Laufe der letzten Jahre eine besondere Bedeutung erlangt. Bereits ab dem Schulbeginn, oder sogar früher, bis ins hohe Alter wird von Menschen Leistung abverlangt, sowohl in geistiger als auch in körperlicher Hinsicht. Leistung hat einen zentralen Stellenwert in unserem täglichen Leben und vor allem auch im Sport erlangt (KIEFER & EKMEKCIOGLU 2014). Sport wird als dynamisch, progressiv, innovativ und konkurrierend beschrieben (GUEST et al. 2019). Besonders Innovation und Konkurrenz im Sport haben dazu geführt, dass der Begriff „Doping" mittlerweile jedermann bekannt ist. Auch wenn es nur ein eher geringes Problem unserer Gesellschaft darstellt, erregt es ein breites öffentliches Interesse. Doping ist ein großes Thema in allen Medien und wird durch spektakuläre Einzelfälle im Spitzensport immer wieder neu belebt. Doping ist verpönt, da es sowohl der Ethik des Sports als auch der medizinischen Wissenschaft widerspricht (MÜLLER 2004). Für den weltweiten Anti-Doping-Kampf ist seit Anfang 2004 die Welt-Anti-Doping-Agentur (WADA) zuständig, die in allen Ländern nationale Ableger, wie in Österreich die Nationale Anti- Doping Agentur Austria (NADA), hat (WONISCH & POKAN 2014).

Im Vergleich zum Leistungssport wird das Ausmaß von Doping besonders im Breiten- und Freizeitsport häufig unterschätzt und auch in den Medien wenig kommentiert (MÜLLER 2004). Doping ist allerdings „keinesfalls nur ein Phänomen erfolgshungriger Sportler, Doping ist längst ein Extrem unter vielen in unserer Leistungsgesellschaft mit Körperkult, Fitnesswahn, Dauerstress, Medikalisierung und Sucht" (SCHÖFFEL et al. 2015). Dieses Problem wird wie vergleichbare gesellschaftliche Probleme, beispielsweise Drogen- oder Alkoholkonsum, neben individuellen Entscheidungen auch durch Faktoren im gesellschaftlichen Umfeld beeinflusst. Viele Erwachsene und besonders Jugendliche wissen über die gesundheitlichen Auswirkungen von leistungssteigernden Substanzen nur wenig Bescheid und setzen sich mit den einzelnen synthetischen Wirkstoffen und möglichen Alternativen nur wenig auseinander. Oftmals sind späteinsetzende negative Folgen des Dopingmittelmissbrauchs für Jugendliche, welche zum Beispiel das propagierte körperliche Ideal anstreben, keine Hemmnis (MÜLLER 2004). Außerdem betonen SCHÖFFEL et al. (2015), dass es Doping immer gab und auch immer geben wird und es Ziel sein sollte, es auf ein „akzeptables" Maß zu reduzieren. Daher ist es umso wichtiger, mehr Sensibilität beziehungsweise Bewusstsein gegenüber diesem Thema zu erzeugen.

Ziel dieser Masterarbeit ist es, einen Überblick über das Thema „Doping" allgemein, sowie über natürliche Dopingalternativen zur Leistungssteigerung zu geben. Neben der Definition und Beschreibung von Leistung, Doping, Dopingmittel sowie Dopingmethoden sollen auch die Auswirkungen auf die körperliche Leistung und Gesundheit sowie die Beweggründe für Doping dargestellt werden. Darüber hinaus sollen synthetische Dopingmittel und -methoden und alternative, natürliche Dopingmittel und -methoden hinsichtlich ihrer leistungssteigernden Wirkung und ihrer gesundheitlichen Risiken verglichen werden. Unter den Begriff „natürliches Doping" fallen alternative leistungssteigernde Substanzen wie Makro- und Mikronährstoffe von Lebensmitteln, natürlich erogen wirksame Substanzen und Kräuter, sowie auch Nahrungsergänzungsmittel. Abschließend soll auch der Zusammenhang zwischen Genetik und sportlicher Leistungsfähigkeit thematisiert werden.

2 Was versteht man unter Leistung

Unter dem Begriff „Leistung" versteht man physikalisch die „verrichtete Arbeit pro (benötigter) Zeit mit der Maßeinheit Watt" (KIEFER & EKMEKCIOGLU 2014). Generell kann zwischen körperlicher oder physischer, beziehungsweise kognitiver oder psychischer Leistung unterschieden werden. Es umfasst die Fähigkeit, „den Energieumsatz über den Grundumsatz zu steigern" (KIEFER & EKMEKCIOGLU 2014). Der Begriff „Leistungsfähigkeit" kann auch als Fähigkeit, bestimmte Aufgaben zu erfüllen, verstanden werden. Diese Leistungsfähigkeit kann durch Lernen und Training ermöglicht und gefestigt werden. Sie wird durch folgende Faktoren beeinflusst:

- Alter
- Geschlecht
- Gesundheitszustand
- Trainingszustand
- Begabungen
- Umwelteinflüsse
- und Ernährung (KIEFER & EKMEKCIOGLU 2014).

Diese Arbeit beschäftigt sich mit dem Einfluss von Doping auf die körperliche beziehungsweise physische Leistungsfähigkeit, insbesondere im Rahmen des Freizeit- und Breitensports. Laut KIEFER & EKMEKCIOGLU (2014) werden zur körperlichen Leistungsfähigkeit verschiedene Komponenten gezählt, insbesondere die aerobe und anaerobe Ausdauer, Schnelligkeit, Power und Kraft. Darüber hinaus gehören auch andere Komponenten der körperlichen Fitness dazu, welche von der Gesundheit und den eigenen Fähigkeiten und Fertigkeiten abhängig sind. Beispiele sind Beweglichkeit, motorische Koordination, Balance, Reaktionszeit und Geschwindigkeit. Die individuelle Leistungsfähigkeit kann gemessen werden, wie beispielsweise durch Ergometrie. Neben Blutdruck und Herzfrequenz werden in der Sportmedizin auch der Laktatspiegel (Laktat = Milchsäure), verschiedene Lungenfunktionswerte und die Sauerstoffaufnahme und Kohlendioxidabgabe gemessen (KIEFER & EKMEKCIOGLU 2014). So kann anhand von Normalwerten, dem Anstieg des Laktatspiegels, sowie Veränderungen anderer Parameter (z.B. O2-Aufnahme, CO2-Abgabe, Atemminutenvolumen) eine Berechnung erfolgen (KIEFER & EKMEKCIOGLU 2014). Welche Rolle Leistung für Sportler spielt und welche Einflussfaktoren es gibt, wird im Anschluss näher thematisiert.

3 Doping im Freizeit- und Breitensport

„Doping" ist an das Englische Verb „dope" angelehnt und bedeutet übersetzt „sich aufputschen" (SCHÖFFEL et al. 2015). Allgemein wird der Begriff „Doping" von fast allen Sportarten und Nationen, sowie der WADA wie folgt definiert: „Doping ist die Verabreichung von Substanzen der verbotenen Wirkstoffgruppen oder die Anwendung verbotener Methoden im Sport" (MÜLLER 2004). Ziel von Dopingmitteln ist es, „die Leistungsfähigkeit und Regeneration des Organismus ,unphysiologisch' zu steigern" (SCHÖFFEL et al. 2015).

Generell gilt Doping als sportlich und medizinisch unethisch, da dadurch weder Chancengleichheit noch Fairness gegeben ist und es außerdem gesundheitliche Risiken mit sich bringt (MÜLLER 2004). Laut MÜLLER (2004) betrifft die Chancengleichheit im Wettkampfsport nicht nur die Athleten, sondern auch die Fans beziehungsweise Zuschauer, Sponsoren und die gesamte Öffentlichkeit. Die gesundheitlichen Risiken betreffen hauptsächlich die Sportler selbst, jedoch im weiteren Sinne auch die Gegner, welche dadurch eine erhöhte Risikobereitschaft und somit Verletzungsgefahr aufweisen können. Der Einsatz von Dopingmitteln ist aus medizinischer Sicht nicht gerechtfertigt, da er im Vergleich zur medizinischen Behandlung von Krankheiten am gesunden Menschen angewandt wird. Ganz nach dem Motto „Viel hilft viel" kommt es außerdem meist zu Überdosierungen (MÜLLER 2004).

Wie bereits erwähnt, ist Doping nicht nur ein Phänomen des Spitzensports, sondern betrifft auch den Freizeit- und Breitensport. Das Thema ist auch weniger präsent in den Medien, was in gewisser Hinsicht damit zu tun hat, dass die Einnahme von nicht erlaubten Dopingsubstanzen im Breiten- und Freizeitsport nicht strafbar ist. Ein Tatbestand der „Selbstschädigung" ist einerseits nicht justiziabel und kann andererseits in den seltensten Fällen überhaupt nachgewiesen werden (SCHÖFFEL et al. 2015). Da beispielsweise Bodybuilding nicht als olympische Sportart gilt, sind Sportler auch nicht an Dopingbestimmungen gebunden, weshalb die Verwendung leistungssteigernder Substanzen in diesem Bereich dementsprechend hoch ist (WONISCH & POKAN 2014).

Grundsätzlich sollte das Dopingverbot im Spitzensport Vorbildwirkung für den Breiten- und Freizeitsport haben und eine Nachahmung vorbeugen (MÜLLER 2004). Es zeigt sich jedoch, dass dies nicht der Fall ist. Laut WONISCH & POKAN (2014) sind in etwa 70 Prozent der Menschen, die zu Dopingmitteln greifen, Freizeit- bzw. Hobbysportler. Da im Freizeitsport zu verschiedensten Präparaten, häufig auch zu Medikamenten, gegriffen wird, und damit oft von Medikamentenmissbrauch gesprochen wird, werden besonders Ärzte zu Ansprechpartnern für Freizeitsportler (WONISCH & POKAN 2014). Zum Beispiel berichtet Dr. med. Helmut Pabst in einem Artikel des Deutschen Ärzteblattes, dass erstaunlich viele, oft junge Patienten zu ihm kommen, die folgende Vorstellung haben: „Man nimmt etwas, und dann klappt das schon mit dem Erreichen des Trainingsziels" (SIEGMUND-SCHULTZE 2013). Er bezeichnet diese Einstellung als naiv und die hohe Risikobereitschaft der Patienten als gefährlich. Ähnliches berichtet auch Sportmediziner Prof. Dr. med. Herbert Löllgen von Läufern, die häufig zu Analgetika (schmerzstillende Mittel) greifen. Ihm zu Folge, meinten viele der ambitionierten Marathonläufer, die er betreute, dass sie ohne Schmerzmittel nicht mehr ausgekommen wären. Im Hinblick auf gesundheitlichen Folgeschäden ist der Hausarzt oft der einzige Ansprechpartner und daher auch wichtig für die Prävention (SIEGMUND-SCHULTZE 2013).

In Europa werden seit 1987 Studien zum Missbrauch von leistungssteigernden Substanzen durchgeführt (LANGE et al. 2011). Die 2011 publizierte KOLIBRI-Studie zählt zu den umfangreichsten epidemiologischen Untersuchungen zur Häufigkeit des Konsums leistungsbeeinflussender Mittel in Alltag und Freizeit und wurde in Deutschland durchgeführt (SIEGMUND-SCHULTZE 2013). In dieser Studie wurden die Probanden nach der Verwendung von verschreibungspflichtigen und frei zugänglichen Mitteln zur körperlichen Leistungssteigerung oder der Verbesserung des psychischen Wohlbefindens befragt (LANGE et al. 2011). Dazu zählten Mittel zum Muskelaufbau, zur Leistungssteigerung (zum Beispiel EPO, Betablocker oder Stimulanzien), zum Abnehmen, Schmerz-, Beruhigungs- und Schlafmittel, Protein-, Vitamin- und Mineralstoffpräparate, sowie auch Substanzen der WADA-Liste (SIEGMUND-SCHULTZE 2013).

Die Studie wurde im Zeitraum von März bis Juli 2010 mit insgesamt 6142 Personen im Alter von 19 bis 97 Jahren durchgeführt (LANGE et al. 2011). Die Ergebnisse zeigten, dass etwa 10 Prozent der Befragten in diesem Zeitraum zu leistungsbeeinflussenden Mitteln griffen. Unter den Befragten gaben in der Gruppe der sportlich Aktiven 7,1 Prozent an, „verschreibungspflichtige Mittel ohne medizinische Indikation verwendet zu haben, inklusive Dopingmittel, vor allem Stimulanzien (Amphetamine)" (SIEGMUND-SCHULTZE 2013).

Die Studie weist damit auf eine eher geringe Anzahl an Personen hin, welche regelmäßig zu verschreibungspflichtigen, leistungssteigernden Substanzen oder Dopingmitteln gegriffen hat. Jedoch konnte auch festgestellt werden, dass bei bestimmten Gruppen, wie Fitnessstudiobesucher, die Anwendung leistungsbeeinflussender Mittel deutlich höher sei. Abbildung 1 zeigt die Anwendungshäufigkeit leistungsbeeinflussender Mittel durch die Probanden innerhalb der letzten 12 Monate zum Zeitpunkt der Befragung.

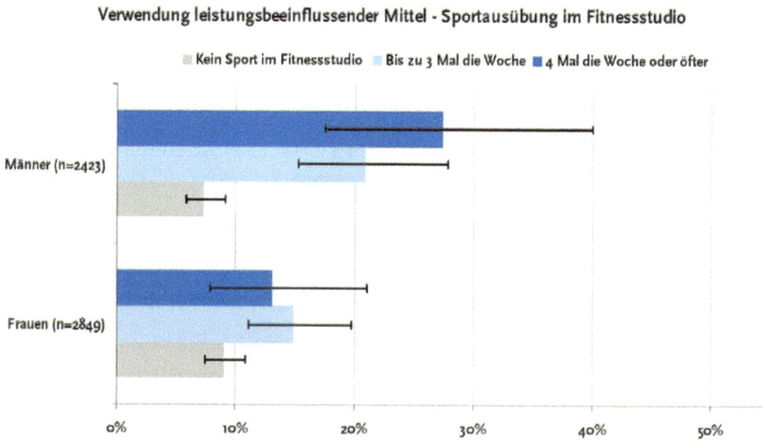

Verwendung leistungsbeeinflussender Mittel - Sportausübung im Fitnessstudio

Abbildung 1: Verwendung leistungsbeeinflussender Mittel nach Häufigkeit der Sportausübung im Fitnessstudio in den letzten 12 Monaten, stratifiziert nach Geschlecht (SIEGMUND-SCHULTZE 2013).

Auch wenn laut dieser Studie nur ein geringer Anteil der Bevölkerung im angegebenen Zeitraum zu Dopingmitteln beziehungsweise zu Medikamenten gegriffen hat, ist Prof. Dr. rer. nat. Mario Thevis von der deutschen Sporthochschule der Meinung, dass Doping im Freizeitsport das Ausmaß im Profibereich sogar übertreffen könnte, da es an Kontrollen fehlt und die Verfügbarkeit durch weltweite Bezugsquellen über das Internet gestiegen ist (SIEGMUND-SCHULTZE 2013). Thevis betont folgendes: „Gesundheitsrisiken sind bei Doping im Freizeit- und Breitensport vermutlich deutlich höher als im Profisport, weil es weniger medizinische Betreuung gibt, weniger Qualitätskontrollen der Substanzen und Präparate und keine zuverlässigen Daten zu Risiken und Nebenwirkungen der unterschiedlichsten Rezepturen" (SIEGMUND-SCHULTZE 2013). Auch der Suchtfaktor sollte nicht außer Acht gelassen werden. Es wird betont, dass Doping einen suchtähnlichen Charakter hat, oft kombiniert mit Narzissmus und einer gestörten Wahrnehmung des eigenen

Körperbilds. Ein Patient hat beispielsweise von einem Hochgefühl berichtet, wenn sein Körper aus einem Trainingstief auf das Spritzen von Anabolika mit Muskelaufbau reagiert hat. Es sei ein Gefühl von Stärke oder Unbesiegbarkeit gewesen, wobei jedoch auch als Nebenwirkung schwere Aggressionszustände aufgetreten sind, die zur Notwendigkeit einer Einweisung in die Psychiatrie geführt hätten. Oftmals ist das Problem, dass Doping oder Medikamentenmissbrauch zu lange geleugnet wird (SIEGMUND-SCHULTZE 2013). Die Beweggründe für Doping beziehungsweise Medikamentenmissbrauch werden im nächsten Kapitel näher beschrieben.

4 Beweggründe für Doping

Mehr als 15 Millionen Menschen konsumieren regelmäßig Dopingmittel (WO-NISCH & POKAN 2014). Dies ist eine beachtliche Anzahl von Menschen, die zu Do-pingmitteln greifen und geht auf vielfältige Gründe zurück. Sie sind entweder intrinsisch oder extrinsisch motiviert und unterscheiden sich zum Teil im Spitzen- und Breitensport (SCHÖFFEL et al. 2015). Im Profisport geht es vor allem darum, konkurrenzfähig zu bleiben, seinen Profi-Status zu erhalten und somit auch seinen Lebensunterhalt verdienen zu können. Im Breitensport ist das hingegen seltener der Fall. Häufig sind intrinsische Gründe, wie beispielsweise Minderwertigkeits-komplexe oder psychische Labilität, die Auslöser für Doping. Viele wollen ihr „Image" verbessern, suchen Bestätigung oder wollen schlichtweg ohne große An-strengungen Erfolg haben (SCHÖFFEL et al. 2015). Zu den externen Gründen zäh-len wiederrum die Einflüsse von Eltern und Freunden, sowie auch die Medien und aktuelle Schönheitsideale (SCHÖFFEL et al. 2015). Viele wollen ihr Muskelwachs-tum stimulieren oder ihr Körpergewicht reduzieren, um diesen Idealen gerecht zu werden. Auch in einem Bericht des deutschen Ärzteblattes wird beschrieben, dass ein perfektes äußeres Erscheinungsbild über mehr Muskelmasse angestrebt wird (SIEGMUND-SCHULTZE 2013). Vielfach sind sich diese Menschen jedoch nicht über die potenziellen Nebenwirkungen bewusst (WONISCH & POKAN 2014).

Ein wesentliches Problem ist der einfache Zugang zu Dopingmitteln. WONISCH & POKAN (2014) erklären, dass allein zum Beispiel die Eingabe von „Steroide kaufen" in eine Internet-Suchmaschine mehr als 300.000 Links ergibt. Die Grenzen zwi-schen Leistungs- und Breitensport scheinen immer mehr zu verschwimmen. Im Gegensatz zum Profisport sind im Freizeitsport Überschätzung und auch Übertrai-ning ein häufiges Problem, dass von Spitzensportlern vermieden wird, da es einen Leistungsknick und depressive Verstimmung auslösen kann (SIEGMUND-SCHULTZE 2013). Laut Sportmediziner Dr. med. Helmut Pabst kann man Patienten, die leistungssteigernde oder schmerzstillende Mittel im Rahmen des Breitensports verwenden, hauptsächlich in drei Gruppen einteilen:

- „15-, 16-Jährige an der Schwelle zum Kaderathleten, bei denen die Steigerung der körperlichen Leistung erstmals ins Stocken geraten ist.

- Vierzig-, Fünfzigjährige, beruflich erfolgreich, die in einer guten Amateurklasse Sport treiben und sich durch Verletzungen oder nachlassende Leistungsfähigkeit zurückfallen sehen.

- Einsteiger in den Breitensport, die sich überfordern, oft in Trendsportarten wie Marathon, Triathlon, Radfahren, aber auch Ballsportarten und Golf" (SIEGMUND-SCHULTZE 2013).

Dr. med. Michael Fritz, Allgemein- und Sportmediziner, hat die Erfahrung gemacht, dass vor allem jene Patienten leistungssteigernde Mittel zu sich nehmen, welche Krafttraining oder Bodybuilding betreiben: „ … junge 16- bis 18-jährige Männer mit überfliegendem Ehrgeiz und wenig Lebenserfahrung auf der Suche nach sozialer Anerkennung" (SIEGMUND-SCHULTZE 2013).

Auf die verschiedenen synthetischen und alternativen Dopingmittel und -methoden wird in den folgenden Kapiteln näher eingegangen.

5 Synthetische Dopingmittel und -methoden

Bei Dopingmittel handelt es sich „in aller Regel um legitime Pharmazeutika, die lediglich zu Dopingzwecken missbraucht werden" (MÜLLER 2004). Die Dopinglisten sind nach wie vor nicht vollständig, da für einige verbotene Gruppen nur Beispiele angeführt sind, weshalb es immer wieder zu Rechtsstreiten kommt. Die Scheu vor möglichen Latenzzeiten zwischen der Neuerscheinung von Dopingmitteln und ihrer Aufnahme in eine vollständige Liste scheint der Grund dafür zu sein. Darüber hinaus erklärt MÜLLER (2004), dass auch manche hinsichtlich einer Leistungssteigerung wirkungslose Präparate, wie beispielsweise gewisse Nahrungsergänzungsmittel, Nebenbestandteile enthalten können, die zu positiven Ergebnissen bei Dopingtests führen können. Das Problem liegt darin, dass Nahrungsergänzungsmittel nicht so intensiv kontrolliert werden wie Arzneimittel (MÜLLER 2004).

Zu den verantwortlichen Kontrollgremien gehören die WADA Committee Health, Medical and Research, die IOC Medical Commission, sowie die Monitoring Group zur Anti-Doping Konvention des Europarates (MÜLLER 2004).

5.1 Dopingklassifikationen

Die WADA differenziert folgende Gruppen:

1. verbotene Wirkstoffe und Methoden (in und außerhalb von Wettkämpfen),
2. verbotene Wirkstoffe und Methoden (nur im Wettkampf),
3. in bestimmten Sportarten verbotene Wirkstoffe (nur im Wettkampf),
4. spezielle Wirkstoffe (hierbei handelt es sich um eine Liste von Wirkstoffen, die in vielen medizinischen und anderen Präparaten enthalten sind, sodass sich eine erhöhte Gefahr eines unbeabsichtigten Verstoßes gegen die Antidoping-Bestimmung ergibt – im Falle eines Missbrauchs kann sich dies strafmildernd auswirken)

(SCHÖFFEL et al. 2015).

Die in den folgenden Kapiteln beschriebenen Dopingsubstanzen und -methoden stellen nur Beispiele für die jeweiligen oben angeführten Gruppen dar und sind in der aktuellen WADA-Liste 2019 angeführt.

5.2 Wirkstoffe und Methoden, die in und außerhalb von Wettkämpfen verboten sind

5.2.1 Anabolika

Die Verwendung von Anabolika führt laut MÜLLER (2014) die Statistik der erfassten Dopingfälle an, obwohl sie bereits seit den 80er Jahren gut nachgewiesen werden können. Grundsätzlich werden im Organismus zwei permanent ablaufende Prozesse unterschieden, die abbauenden (katabole) und aufbauenden (anabole) Prozesse. Der Begriff „Anabolika" stammt aus dem Griechischen und bedeutet „Verschiebung" oder „Vertagung", welches die Wirkung dieser Dopingmittel bereits erklärt. Diese Substanzen verschieben nämlich den Stoffwechsel des Körpers so, dass die aufbauenden Prozesse gesteigert werden. Hier spielt besonders der Proteinaufbau eine Rolle (SCHÖFFEL et al. 2015). Die erwünschte Hauptwirkung von Anabolika ist der Muskelaufbau (MÜLLER 2014). Einerseits gibt es die natürlich vorkommenden Anabolika, die sich vom vorwiegend männlichen Sexualhormon Testosteron ableiten, und andererseits gibt es die Anabolika, die extern zugeführt werden können. Zu den künstlichen Präparaten zählen zum Beispiel Tetrahydrogestrinon (THG), Nandrolon, Stanozolol oder Dianobol. Die Wirkung von synthetisch hergestellten Anabolika ist im Vergleich zu natürlichen um ein Vielfaches höher (SCHÖFFEL et al. 2015). Ihre Wirkung äußert sich bereits innerhalb weniger Wochen der Einnahme durch ein enormes Muskelwachstum, sowie gleichzeitiger Abnahme des Fettgewebes (SCHÖFFEL et al. 2015). Es sind sowohl die akuten Nebenwirkungen als auch die Langzeitschäden enorm (MÜLLER 2014). Die Gefahr bei der Einnahme von Anabolika besteht in der krankhaften Veränderung des Herzens, der sogenannten „konzentrischen Herzvergrößerung". Hierbei vergrößert sich besonders die linke Herzkammer, welche das Blut in den Kreislauf pumpt, was längerfristig dazu führt, dass sich das Herz nicht mehr ausreichend mit Nährstoffen versorgen kann und somit die Pumpleistung abnimmt (SCHÖFFEL et al. 2015). Diese Herzschwäche entsteht dadurch, dass es zu einem vermehrten Muskelwachstum und somit einer Vergrößerung des Herzens kommt, jedoch eine gleichzeitige Bildung neuer Gefäße fehlt. Die Schädigungen durch Anabolikamissbrauch sind irreversibel und je größer die Einnahmemenge, desto höher ist auch das Risiko von Schäden des Herz-Kreislaufsystems (SCHÖFFEL et al. 2015). Zu den weiteren Nebenwirkungen, die oft erst spät wahrgenommen werden, gehören Arteriosklerose, sowie Störungen der Blutgerinnung und des Gefäßsystems. Weiters wirken Anabolika wie starke Zellgifte, was bei vermehrter Einnahme zu bleibenden Schäden in Leber und Niere führen kann. Zystenbildungen in der Leber, Versagen der Leberfunktion beziehungsweise auch Leberkrebs sind die Folgen (SCHÖFFEL et al. 2015). Frauen sind besonders von der androgenen Wirkung von Anabolika betroffen. Es kommt zur Vermännlichung, wie beispielsweise Zunahme der Körperbehaarung, Wachstum des Kehlkopfskeletts oder Veränderung der Stimmlage (SCHÖFFEL et al. 2015). Ein weiteres Problem stellen „die psychischen Nebenwirkungen der Steroid-Anabolika dar, die verbreitet als »Aggressivitätssteigerung« pauschalisiert und bereits in Strafverfahren nach Gewaltdelikten als Schutzbehauptung von den Beschuldigten verwendet wurden" (MÜLLER 2004). Generell sind die negativen Auswirkungen auf die Gesundheit vielfältig und weitreichend, weshalb Anabolika heute nur unter strengster medizinischer Indikation, zum Beispiel bei Krebspatienten zur Regeneration, eingesetzt werden (SCHÖFFEL et al. 2015).

5.2.2 Diuretika

„Diuretikum" bedeutet umgangssprachlich „Wassertablette" und ist eine Substanz, die zur Ausschwemmung von Wasser aus dem Körper führt. Durch die Einnahme von Diuretika können innerhalb kurzer Zeit mehrere Liter Flüssigkeit über den Urin ausgeschieden werden (SCHÖFFEL et al. 2015). Früher wurde versucht, „durch die vermehrte Urinbildung die Ausscheidung anderer Dopingstoffe zu beschleunigen und dadurch – sowie durch die damit bewirkte „Verdünnung" des Harns – die Nachweisbarkeit zu erschweren". Das ist jedoch durch die heutige fortgeschrittene Analytik kein Problem mehr. Jedoch ist in Sportarten mit Gewichtsklassen über den beschleunigten Gewichtsverlust durch die vermehrte Urinausscheidung ein Leistungsvorteil erreichbar (MÜLLER 2004).

Zu den Folgen der Einnahme von Diuretika gehören Dehydrierung (Flüssigkeitsmangel) und Hypovolämie (Blutplasmamangel), die bis zum tödlichen Kreislaufversagen führen können (SCHÖFFEL et al. 2015). Weiters kommt es zu Störungen des Elektrolythaushaltes, insbesondere des Natrium- und Kaliumhaushaltes. Dies kann zu Krampfanfällen, Verwirrtheit, Krämpfen der Skelettmuskulatur sowie Hypokaliämie mit Herzrhythmusstörungen führen (SCHÖFFEL et al. 2015). Ferner kann es bei Männern auch zu Potenzstörungen, sowie Brustwachstum kommen. Bleibende Schäden der Niere oder auch krankhafte Veränderungen anderer Organe, wie Leber oder Haut, sind ebenfalls zu erwähnen (SCHÖFFEL et al. 2015). Zu den verbotenen Substanzen gehören zum Beispiel Carboanhydrasehemmer wie Acetazolamid, das kaliumsparende Diuretikum Amilorid oder der Aldosteronantagonist Spironolacton. Bekannte nicht verbotene harntreibende Substanzen sind Koffein, Schwarztee oder Alkohol, sowie harntreibend wirkende Pflanzen wie

Schachtelhalm, Brennnessel oder Birkenblätter (SCHÖFFEL et al. 2015). Da zu viel Wasserverlust als unangenehm empfunden wird und starken Durst zur Folge hat, limitieren sich die Probleme der Diuretika-Anwendung im Sport in gewisser Hinsicht von selbst (MÜLLER 2004).

In der Medizin werden Diuretika bei Krankheiten verwendet, welche zu Wassereinlagerungen im Körper führen, wie beispielsweise Leberzirrhose. Durch die gesteigerte Wasserausscheidung kann die Belastung für den Gesamtorganismus vermindert und die Konzentration von Elektrolyten im Blut geregelt werden (SCHÖFFEL et al. 2015).

5.2.3 Peptid-/ Glykoproteinhormone, Wachstumsfaktoren und verwandte Substanzen

Die WADA fasst diese Gruppe an Substanzen als inhomogene Gruppe zusammen. Der Begriff „Glykoproteine" geht darauf zurück, dass fast alle körpereigenen Eiweiße „glykolisiert", das heißt mit Zuckermolekülen verbunden werden. Beispielsubstanzen sind Wachstumsfaktoren wie Somatotropin oder Somatomedine, Gonadotropine, Insuline und Kortikotropine (SCHÖFFEL et al. 2015). Wachstumshormone beeinflussen den Proteinstoffwechsel und führen zu einem erhöhten Aufbau von Knochen-, sowie Muskelmasse und übernehmen wichtige Aufgaben bei der Regeneration und Steuerung von Stoffwechselleistungen des Menschen (SCHÖFFEL et al. 2015). Gonadotropine, wie zum Beispiel das humane Choriongonadotropin, ist bei Mähnern verboten, da es die körpereigene Testosteronproduktion anregt und für Dopingzwecke genutzt werden kann. Insulin gehört zu den lebenswichtigen Hormonen und regelt den Blutzuckerspiegel des Menschen. Es ist das einzige Hormon, das den Blutzuckerspiegel senken kann. Weiters fördert es aber auch die Aufnahme von Aminosäuren, welche für den Aufbau körpereigener Proteine und die Regulation des Zellwachstums durch die Aktivierung von Genen von Bedeutung sind (SCHÖFFEL et al. 2015). Allgemein erklären SCHÖFFEL et al. (2015), dass durch Insulin anabole Prozesse gesteigert werden und es die Auffüllung der Energiespeicher, sowie die Regeneration des Organismus, fördert, weshalb Insulin vor allem von Sportlern mit hohen körperlichen Belastungen, wie intensives Ausdauertraining oder Wettkämpfe, missbraucht wird (SCHÖFFEL et al. 2015). Generell können Ausdauersportler von großen Glykogenspeichern, sowie der Unterstützung des Muskelaufbaues profitieren. Allerdings ist auch bekannt, dass „die natürliche Freisetzung von Insulin durch die künstliche Gabe maßgeblich beeinflusst und eingeschränkt wird" (SCHÖFFEL et al. 2015). Die Gruppe der

Kortikotropine ist für die Regulierung der körpereigenen Freisetzung und Bildung von „Kortikosteroiden" zuständig. Sie regen vor allem die Kortisol-Produktion und Freisetzung an, weshalb sie im Sport missbraucht werden, um eine erhöhte Gluko-kortikoide- (Kortisol) und Androgen-Freisetzung (Testosteron) zu erreichen (SCHÖFFEL et al. 2015). Es gibt zwei Vertreter, das CRH (Corticotropin-releasing Hormone), welches im Hypothalamus gebildet wird und das ACTH (Adrenocorti-cotropes Hormon), das in der Hypophyse gebildet wird. Es wirken nicht die Korti-kotropine an sich, sondern die Kortikosteroide, die freigesetzt werden. SCHÖFFEL et al. (2015) argumentieren, dass „bereits geringste Mengen CRH und ACTH eine Freisetzung von großen Mengen an Kortikosteroiden bewirken und dementspre-chend die Wirkungen und Nebenwirkungen bereits bei geringsten Mengen sehr stark sein können". Für lange Zeit waren sie nicht nachweisbar und so konnte die „natürliche" Bildung von körpereigenem Kortisol und Testosteron „unnatürlich" er-höht werden (SCHÖFFEL et al. 2015). Aus dem praktisch nicht kontrollierbaren Bo-dybuilding ist die Anwendung des Human Growth Hormone (HGH) bekannt, da sie dort vor allem zur Fettschmelzung, sowie zum Aufbau einer eher „aufgeblähten" Muskulatur beitragen. Generell waren diese Substanzen hinsichtlich ihrer Nach-weisbarkeit lange Zeit problematisch, da „ihre Konzentrationen im Blut und erst recht im Urin sowohl zwischen verschiedenen Personen wie auch bereits beim Ein-zelnen stark schwanken" und daher Normalbereiche nicht immer geeignet sind, um sicher feststellen zu können, ob erhöhte Werte auf die Zufuhr des Hormons von außen zurückzuführen waren (MÜLLER 2004). Diese Lücke der Kontrolle konnte aber mittlerweile durch neue Technologien geschlossen werden (MÜLLER 2004).

5.2.4 Blutdoping (EPO und andere)

Blutdoping gehört zu den meist verwendeten Dopingmethoden. Wie der Name schon sagt, wird hier Blut, sogenannte Erythrozyten-Suspensionen, zugeführt (MÜLLER 2004). Zur Kategorie Blutdoping gehören alle Mittel und Methoden, wel-che die Erhöhung der Sauerstoffkapazität des Blutes beziehungsweise die Manipu-lation diese zu verschleiern zum Ziel haben. „Die maximale Sauerstoffkapazität (VO2 max.) beschreibt die maximal mögliche Menge des vom Organismus ‚verstoff-wechselbaren' Sauerstoffs unter Belastung" (SCHÖFFEL et al. 2015). VO2 max. ist eine sportmedizinische Messgröße und dient zur Bestimmung der Leistungsfähig-keit bei Ausdauersportlern. Sie bestimmt, wie viel Liter Sauerstoff ein Athlet pro Minute maximal umsetzen kann. Die Bestimmung erfolgt in der Regel durch einen Belastungsstufentest am Ergometer. Je höher der Wert der gemessenen maximalen Sauerstoffkapazität ist, desto höher ist auch die Leistung. Sehr hohe Werte werden beispielsweise von Radfahrern oder Ruderern erreicht, welche bei etwa 6 Liter pro Minute liegen, während die Werte einer gesunden untrainierten Frau bei rund 2,5 Liter pro Minute liegen. Da es viele Sportarten gibt, bei denen das Gewicht für die Leistungsfähigkeit eine wichtige Rolle spielt (ein 60 kg schwerer Spitzenläufer hat ein geringeres Blutvolumen als ein 90 kg schwerer Ruderer), wird oft die relative Sauerstoffkapazität angegeben. Hier wird VO2 max. durch das Körpergewicht dividiert, um so der individuellen Leistungsfähigkeit gerecht zu werden (SCHÖFFEL et al. 2015).

Eine Erhöhung der Sauerstoffkapazität kann auf verschiedene Arten passieren. Grundsätzlich ist unter normalen Verhältnissen der Sauerstofftransport durch die Menge von Hämoglobin im Blut limitiert, wobei sie auch von anderen Parametern abhängig ist, wie dem Herzminutenvolumen („Menge an Blut, die pro Minute vom Herzen gepumpt werden kann") oder der Enzymaktivität des Energiestoffwechsels (SCHÖFFEL et al. 2015). SCHÖFFEL et al. (2015) erklären, dass „sämtliche Substanzen und Methoden des Blutdopings, die zur Steigerung der Sauerstoffkapazität (VO2 max.) beitragen, die Wege der Aufnahme, des Transports oder der Freisetzung von Sauerstoff im Blut direkt oder indirekt erhöhen". Der einzige Weg, welcher auf natürliche Weise die Blutneubildung fördert, wäre Höhentraining, da mit steigender Höhe (insbesondere über 3000m) der Sauerstoffpartialdruck sinkt und der Körper folglich über die Ausschüttung von EPO (Erythropoetin) die Hämoglobinproduktion und Produktion von roten Blutkörperchen anregt. Hier nimmt die erreichbare Steigerung des Hämatokrits („Verhältnis zwischen festen, zellulären und flüssigen, plasmatischen Anteilen") keine gefährlichen Ausmaße an (MÜLLER 2004).

Eine Methode der Kategorie Blutdoping ist die Bluttransfusion. Man unterscheidet die authologe (Eigenblut), homologe (Fremdblut) oder heterologe (Fremdblut von einem nichtmenschlichen Organismus) Transfusion, bei der die zusätzlichen Sauerstoffträger VO2 max. erhöhen (SCHÖFFEL et al. 2015). Daneben gibt es auch die Möglichkeit, modifiziertes tierisches Hämoglobin zu verwenden, wodurch der Sauerstofftransport unabhängig vom menschlichen Hämoglobin erfolgen und so die maximale Sauerstoffaufnahme erheblich gesteigert werden kann. Ein bekanntes Präparat ist „Hemopure" (SCHÖFFEL et al. 2015).

Zu den wohl bekanntesten Methoden des Blutdopings gehört EPO. Es handelt sich um ein körpereigenes Hormon, das die Bildung von roten Blutkörperchen fördert und Großteils in der Niere gebildet wird (SCHÖFFEL et al. 2015). Es führt nicht, wie oft fälschlicherweise angenommen, zu einer erhöhten Bildung von roten

Blutkörperchen, sondern zur Hemmung des vermehrten Absterbens von Blutvorläuferzellen, was ebenfalls einen Anstieg der Erythrozytenanzahl zur Folge hat (SCHÖFFEL et al. 2015). Das Risiko für veränderten Blutfluss ist bei einer künstlich erhöhten Blutneubildung durch das Hormon Erythropoetin besonders hoch (MÜLLER 2004).

Es besteht auch die Möglichkeit, verschiedene Methoden zu kombinieren, um so einen maximalen Effekt zu erzielen. Es sind zudem Substanzen und Methoden bekannt, die Blutdoping verschleiern können, wie Plasmaexpander, Probenecid oder Bromantan. Plasmaexpander erhöhen zum Beispiel das Blutvolumen und senken den Hämatokritwert, was zu einer Verschleierung des Missbrauchs von EPO führt. Diese Verschleierungen können jedoch heutzutage ebenfalls nachgewiesen werden (SCHÖFFEL et al. 2015).

EPO hat bei mehrmaliger Anwendung negative Folgen für die Gesundheit. Hierzu zählen das Risiko von Unverträglichkeiten oder Veränderungen der Fließeigenschaften des Blutes (MÜLLER 2004). Es kann zur Bildung von Antikörpern führen, welche die Synthese von neuen roten Blutzellen hemmen, was „Pure Red Cell Aplasie" genannt wird. Außerdem können mit Bakterien infizierte heterologe oder homologe Blutkonserven eine Sepsis (Blutvergiftung) auslösen oder Krankheiten wie HIV oder Hepatitis B und C übertragen (SCHÖFFEL et al. 2015). Darüber hinaus erklären SCHÖFFEL et al. (2015), dass „im Rahmen einer Transfusionsreaktion schwere Krankheitssymptome auftreten, die von Schwindelgefühlen über abdominelle Schmerzen (Bauchschmerzen) bis hin zu Angstzuständen (Todesangst) reichen". Auch das Risiko der Thrombenbildung steigt und kann zu Embolien beziehungsweise plötzlichem Herztod führen. Langzeitfolgen sind bisher noch nicht ausreichend erforscht (SCHÖFFEL et al. 2015).

5.2.5 Gendoping

Seit 2001 findet sich auch Gendoping als verbotene Methode in der WADA-Liste (MÜLLER 2004). WADA definiert Gendoping als „nicht-therapeutischer Gebrauch von Zelle, Genen und genetischen Elementen sowie die Beeinflussung der Genexpression, mit der Möglichkeit die Leistungsfähigkeit zu steigern" (SCHÖFFEL et. al 2015). Um das Thema Gendoping besser verstehen zu können, ist ein kurzer Exkurs in die Gentechnologie hilfreich: Fast alle Zellen des menschlichen Organismus, bis auf Erythrozyten (rote Blutkörperchen) und Thrombozyten (Blutblättchen) enthalten DNA (Desoxyribonukleinsäure). Die DNA jeder Zelle beinhaltet den ganzen Bauplan des Organismus. Sie ist in Abschnitte gegliedert, die jeweils bestimmte

Eigenschaften festlegen beziehungsweise codieren. Diese Abschnitte werden als Gene bezeichnet. Darüber hinaus gibt es auch Abschnitte, die entweder keine Funktion besitzen oder für die Regulation von Genen dienen. An diese können Mediatoren, wie beispielsweise Hormone, binden und so die Aktivität dieses Gens beeinflussen. Gentechnologie hat zum Ziel, die jeweiligen Funktionen von Genen festzustellen und diese dann direkt oder indirekt zu beeinflussen. Eine Methode dafür ist zum Beispiel die Transfektion, bei der ein Gen zunächst aus der DNA isoliert und vermehrt wird und danach in die DNA eines anderen Organismus übertragen wird. Die Vermehrung erfolgt mithilfe der Polymerasekettenreaktion (PCR) und die Übertragung mithilfe eines Vektors, einem Transportmittel wie Phagen oder Plasmide. Dieser Prozess wird in Abbildung 2 dargestellt. Somit kann ein Gen in einen anderen Organismus eingeschleust werden, wo es sich dann mit der Replikation der DNA vermehrt (SCHÖFFEL et. al 2015).

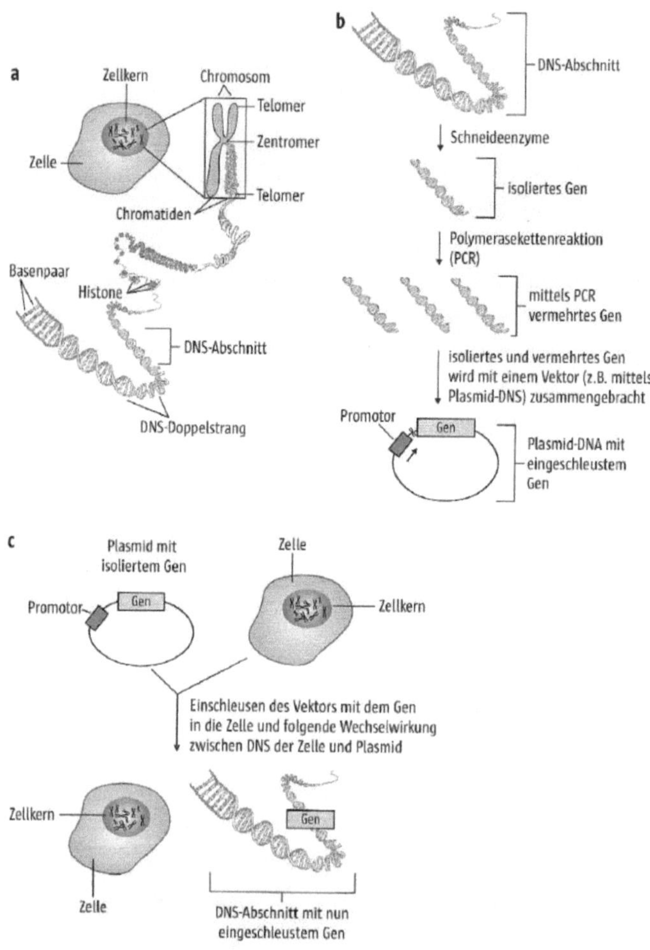

Abbildung 2: a) Zelle mit Darstellung der chromosomal-gebundenen DNA; b) Vermehrung eines Gens mittels PCR und Integration in einen Vektor (bakterielle Plasmid-DNS); c) Einschleusung der Plasmid-DNA in die Zelle mit folgender Wechselwirkung mit der DNA. (SCHÖFFEL et al. 2015)

Die Schwierigkeit der Gentherapie beziehungsweise des Gendopings ist, die Aktivität von Genen zu steuern, denn allgemein „sind Gene, bei denen durch einen Defekt ein Mangel vorliegt (z.B. Hormonmangel), leichter zu ersetzen bzw. zu beeinflussen als solche, bei denen es um die Beeinflussung feiner Regulationsvorgänge geht" (SCHÖFFEL et al. 2015). Außerdem erklären SCHÖFFEL et al. (2015), dass die Applikation der Gene auf oder in den Vektoren subkutan (unter die Haut), intramuskulär (in den Muskel), intravenös oder inhalative erfolgen kann.

Bisher ist im Bereich Gendoping nur der Fall des Leichtathletiktrainers Thomas Springstein im Rahmen der Dopingermittlung mit der Substanz „Repoxygen" festgestellt worden. Auch wenn bisher wenige Fälle des Gendopings bekannt sind, wird es mit hoher Wahrscheinlichkeit aufgrund des enormen technischen Fortschritts der letzten Jahre in Zukunft vermehrt zu Missbrauchsfällen kommen. Im heutigen Forschungsbetrieb ist die Herstellung von Vektoren und Molekülen schon fast Routine, da bereits viele Biotechnologie- Unternehmen die Konstruktion von zum Gendoping geeigneten Verfahren und Bausätzen, sogenannten Kits, anbieten. Auch die Unterschiede in der Durchführung in Zelle, Tier, oder Mensch sind eher gering im Gegensatz zu den ethischen Aspekten (SCHÖFFEL et al. 2015). Dennoch erklärt MÜLLER (2004), dass die DNA als Träger der Erbinformation und die biochemischen Vorgänge ihrer Steuerung sehr komplex sind, was folglich auch bei allen Eingriffen in die genetischen Abläufe der Fall ist.

SCHÖFFEL et al. (2015) gehen davon aus, dass die unkalkulierbaren und unverantwortbaren Risiken des Gendopings sehr wahrscheinlich kein Hemmnis für Sportler darstellen. Ähnlich erklärt MÜLLER (2004), dass selbst das, was man sich unmöglich vorstellen kann, irgendwo irgendwann gemacht wird, auch wenn es verboten und gesellschaftlich noch so geächtet ist. Oft genug hat man bereits mit neu entdeckten Möglichkeiten einen erwünschten Vorteil tatsächlich erreicht, sich damit jedoch auch unerwartete und inakzeptable Nachteile eingehandelt (MÜLLER 2004). In diesem Sinne kann man die Ausmaße des möglichen Missbrauchs und seine Konsequenzen bereits jetzt erahnen (SCHÖFFEL et al. 2015).

5.3 Ausschließlich im Rahmen von Wettkämpfen verbotene Wirkstoffe und Methoden

5.3.1 Stimulantien

SCHÖFFEL et al. (2015) und MÜLLER (2004) sind sich einig, dass es sich bei Stimulantien um Wirkstoffe handelt, die sehr viele unterschiedliche Strukturen, sowie pharmakologisch unterschiedliche Wirkungsqualität und -quantität aufweisen und es daher schwierig ist, diese unter einem übergeordneten Begriff zusammenzufassen (SCHÖFFEL et al. 2015). Laut MÜLLER (2004) ist die Liste der Stimulantien diejenige, die am schwierigsten zu vervollständigen ist. Zu dieser inhomogenen Gruppe gehören sowohl künstlich produzierte als auch natürliche Stoffe (SCHÖFFEL et al. 2015). „Verallgemeinernd kann man sagen, dass Stimulanzien Substanzen sind, die im Organismus zu einer erhöhten psychischen Leistungsbereitschaft und physischen Leistungsfähigkeit führen" (SCHÖFFEL et al. 2015). Die natürlich im Körper vorkommenden Stimulantien, wie Neurotransmitter oder Hormone, haben wichtige Aufgaben im Körper, zu denen auch ihre stimulierende Wirkung gehört. „Ihr Wirkprinzip beruht darauf, dass sie die Wirkung der unter natürlichen Bedingungen im Körper vorkommenden Stimulanzien (vornehmlich Serotonin, Dopamin, Adrenalin/Nor-adrenalin) verstärken, indem diese vermehrt freigesetzt bzw. verlangsamt abgebaut oder ihre Wirkungen an entsprechenden Rezeptoren verstärkt werden (SCHÖFFEL et al. 2015). Ein bekanntes Beispiel der stark wirkenden synthetischen Stimulantien ist die Droge Ecstasy, die in ihrem chemischen Aufbau und ihrer Wirkungsweise mit den Aufputschmitteln Amphetamin und Methamphetamin verwandt ist (MÜLLER 2004). Zu den schwach wirksamen Substanzen, die auch nicht verboten sind, gehören zum Beispiel Koffein (schwarzer Tee, Kaffee) und Theobromin (Kakao, Mate-Strauch, Kola-Nuss) (SCHÖFFEL et al. 2015). Generell gilt für alle Stimulantien, dass sie durch die erreichte Leistungssteigerung zu einer totalen Ausschöpfung der Leistungsreserven bis hin zum körperlichen Zusammenbruch führen können (MÜLLER 2004). Die Leistungssteigerung basiert auf der Beseitigung von Müdigkeit durch Anregung des Herz-Kreislauf-Systems, der Atmung sowie des Zentralnervensystems bei Ausschöpfung der Leistungsreserven (MÜLLER 2004). Ähnlich wie die Vielfalt der Stimulantien sind auch die Nebenwirkungen im menschlichen Körper vielfältig. SCHÖFFEL et al. (2015) erklären, dass man, um die Einflüsse auf den Organismus zu verstehen, zwischen einer „Wirkung auf psychische Prozesse (Wirkung auf das zentrale Nervensystem, ZNS) und peripheren, körperlichen Wirkungen sowie zwischen kurzfristigen, akuten Wirkungen und langfristigen, chronischen Wirkungen" unterscheiden muss. Generell regulieren diese Substanzen sämtliche Prozesse der Aktivität von Nervenzellen und setzen den Körper in eine Lage höchster Alarmbereitschaft. Kurzfristige Einnahme von Stimulantien kann beispielsweise dazu führen, dass sich Pupillen weiten, vermehrtes Schwitzen einsetzt oder die Herzfrequenz zunimmt. Im Gegensatz dazu führt eine langfristige Einnahme zum Beispiel zu Gewichtsverlust, Osteoporose, Nervenschädigungen oder auch Potenzstörungen. Auch psychische Auswirkungen sind nicht zu vernachlässigen, wozu erhöhtes Konzentrationsvermögen, erhöhte Risikobereitschaft, Aggressivität, Arbeitssucht und Nervosität gehören. Die Einnahme der Stimulantien ist ebenfalls unterschiedlich und kann je nach Substanz durch orale, rektale oder venöse Einnahme, rauchen oder auch schnupfen erfolgen (SCHÖFFEL et al. 2015).

5.3.2 Narkotika

Narkotika haben ihren Namen aufgrund ihrer erzielten Wirkung, der Narkose und können in folgende vier Gruppen eingeteilt werden: Hypnotika (Schlafmittel), Muskelrelaxantien (Mittel zur Erschlaffung der Willkürmuskulatur), Analgetika (schmerzdämpfende Mittel) und reflexdämpfende Mittel (SCHÖFFEL et al. 2015). Sie können so durch ihre teilweise einschläfernde oder wahrnehmungsverzerrende Wirkung bewegungshindernde Schmerzen scheinbar verschwinden lassen. Eine sportliche Aktivität kann damit, wenn auch mit erhöhtem Verletzungsrisiko, schmerzfrei fortgesetzt werden. Die Leitsubstanz der Narkotika ist das Mohn- oder Opium-Hauptalkaloid Morphin (MÜLLER 2004). Auch SCHÖFFEL et al. (2015) beschreiben Narkotika als Substanzen, die aus „Morphin, Morphium-Derivaten oder verwandten Stoffen hergestellt werden sowie Stoffe, die synthetisch hergestellt werden und ein gleiches oder zumindest ähnliches Wirkungsprinzip wie Morphin besitzen". Es wird ebenfalls erklärt, dass auch bei der Einnahme von Erkältungsmitteln Vorsicht geboten ist, da diese oftmals Codein enthalten, welches zwar an sich nicht verboten ist, jedoch vom Körper teilweise zu Morphin umgebaut wird (SCHÖFFEL et al. 2015). Im Gegensatz zu den Stimulantien ist die Liste der Narkotika seit 2004 vollständig, da diese Gruppe generell eher unproblematisch ist. Außerdem wurden quantitative Grenzwerte eingeführt, um aufgrund der guten Nachweisbarkeit zum Beispiel Probleme beim Verzehr einer größeren Menge Mohn zu vermeiden (MÜLLER 2004). Kurzfristige Nebenwirkungen der Narkotika sind Übelkeit, Apathie (Teilnahmslosigkeit), Somnolenz (Schläfrigkeit), Halluzinationen und Euphorie, wobei Verstopfung, Depressionen, sowie psychische und physische Abhängigkeit langfristige Folgen sind (SCHÖFFEL et al. 2015).

5.4 In bestimmten Sportarten im Wettkampf verbotene Wirkstoffe

5.4.1 Betablocker

Betablocker, auch Beta-Rezeptorenblocker und Beta-Adrenorezeptorenblocker genannt, „ist ein Sammelbegriff für eine Reihe von Arzneistoffen, die im Körper β-Rezeptoren blockieren und so die Wirkung von Stresshormonen/Stimulanzien (insbesondere Noradrenalin und Adrenalin) hemmen (SCHÖFFEL et al. 2015). Betablocker haben also eine hemmende Wirkung auf Adrenalin und Noradrenalin im Körper, was dazu führt, dass die stimulierenden Effekte des Sympathikus gesenkt werden (SCHÖFFEL et al. 2015). Sie zeigen durch die Senkung von Herzfrequenz und Blutdruck einen gewissen angstlösenden, beruhigenden Effekt, was für viele Sportarten kontraproduktiv ist, da sie Kraftausübung, Schnelligkeit und Ausdauer vermindern. Allerdings kann die Wirkung zum Beispiel im Schießsport von Vorteil sein, weil sie zu einer ruhigen Hand führen und so die Wettbewerbsfähigkeit verbessern können (MÜLLER 2004). Es gibt zwei Typen von Betablockern: β1-Adrenorezeptoren für die Steigerung der Herzleistung, sowie des Blutdrucks und β2-Adrenorezeptoren für die Beeinflussung der glatten Muskulatur der Bronchien, der Gebärmutter und der Blutgefäße. Zusätzlich werden noch zwei Arten von Betablockern unterschieden, selektive und unselektive. Während die selektiven Betablocker vorwiegend entweder auf β1- oder β2- Rezeptoren wirken, beeinflussen die unselektiven gleichermaßen beide Rezeptoren. Zu den Nebenwirkungen zählen unter anderem starker Blutdruckabfall, Durchblutungsstörungen an Armen und Beinen, Hautveränderungen oder Herzrhythmusstörungen. Da die Betablocker beruhigend wirken, können sie auch zu Müdigkeit, Schlafstörungen, Halluzinationen, Schwindelgefühlen, Lustlosigkeit und zudem Depressionen führen. Sie können intravenös oder in Tablettenform verabreicht werden (SCHÖFFEL et al. 2015).

5.4.2 Alkohol

Alkohol gehört zu den ältesten und meist verbreiteten Rauschmitteln weltweit, wird auf vielfältige Weise verwendet und ist außerdem in fast allen Ländern erlaubt (SCHÖFFEL et al. 2015). SCHÖFFEL et al. (2015) erklären, dass es zahlreiche Vertreter von Alkoholen gibt, jedoch bis auf Ethanol alle stark giftig und in geringen Dosen sogar bereits tödlich sein können. Seit 2009 gibt es in manchen Sportarten einen einheitlichen Grenzwert von Alkoholkonsum im Wettkampf, welcher 0,1g/l beträgt. Alkohol verteilt sich in drei Schritten im menschlichen Organismus. Der erste Abbauschritt erfolgt direkt im Magen durch das Enzym Alkoholdehydrogenase, wobei hier Ethanol in Ethanal umgewandelt wird. Im zweiten Schritt gelangt ein Teil des Alkohols über das Blut in die Leber, wo eine „Entgiftung" durch dieselben enzymatischen Prozesse wie im Magen erfolgt und dort zur Energiegewinnung genutzt werden kann. Der dritte Teil, der dann noch übrig ist, wird über das Blut im Körper verteilt und entfaltet dort seine Wirkung systemisch (SCHÖFFEL et al. 2015). Generell wird die Alkoholaufnahme von mehreren Faktoren beeinflusst. Beispielsweise werden warme alkoholische Getränke schneller resorbiert und auch Zucker und Kohlensäure führen zu einer rascheren Entfaltung der Wirkung. Im Gegensatz dazu wird die Aufnahme durch Fett verlangsamt. Auch Geschlecht und Körpergewicht haben einen entscheidenden Einfluss auf die Blutalkoholkonzentration, sowie auch die Gewöhnung an Alkohol.

Kurzfristig kann Alkohol betäubend oder stimulierend wirken, was individuell unterschiedlich ist (SCHÖFFEL et al. 2015). Ähnlich wie bei Betablockern, beruhigt Alkohol und hemmt die Angst (MÜLLER 2004). Generell führt Ethanol zur Weitung der peripheren Blutgefäße, was zu einem erhöhten Wärmeempfinden führt. Bei zu hohen Mengen besteht die Gefahr einer Alkoholvergiftung. Langfristig kann Alkoholkonsum eine Abhängigkeit, sowie Schädigung aller Körperzellen auslösen (SCHÖFFEL et al. 2015). Laut SCHÖFFEL et al. (2015) sind Leberzirrhose (Funktionsverlust der Leber durch Umbau des Lebergewebes) und Pankreatitis (Bauchspeicheldrüsenentzündung) die häufigsten Todesursachen auf Grund von Alkoholkonsum.

5.5 Spezielle Wirkstoffe

Laut SCHÖFFEL et al. (2015) hat WADA „seit 2009 zusätzlich bestimmte Wirkstoffe in ein ‚Überwachungsprogramm' aufgenommen, um eine Missbrauchsentwicklung zu erkennen bzw. abzuschätzen". Die zu dieser Kategorie gehörenden Stoffe sind nicht verboten, unterliegen jedoch bestimmten Grenzwerten. Dies wird dadurch begründet, dass diese Substanzen allgemein leicht verfügbar sind, da diese in diversen Arzneimitteln enthalten sind und so ein Risiko des ‚unbeabsichtigten' Verstoßes gegen die Anti-Doping Regeln besteht (SCHÖFFEL et al. 2015). Es gibt eine Überwachungsliste mit bestimmten Stimulantien, Narkotika und Glukokortikosteroiden, welche ständig angepasst und verändert wird, um Missbrauch entgegenzuwirken. Beispiele dieser Kategorie sind Ephedrin und Methylephedrin. Sie sind meist in Erkältungsmitteln enthalten und nicht verboten, sofern die Konzentration im Urin jeweils unter 10 Mikrogramm/ml liegt (SCHÖFFEL et al. 2015).

5.6 Sauerstoff-Gabe

Auch der Missbrauch von reinem Sauerstoff ist verboten. Sowohl der Besitz als auch die Verwendung von Sprays, welche die Aufnahme von komprimiertem Sauerstoff möglich machen, sind im Wettkampf und Training untersagt (SCHÖFFEL et al. 2015). Eine Sauerstoff-Gabe kann Athleten beispielsweise bei Laufwettbewerben Vorteile verschaffen und mithilfe kleiner Dosiersprays leicht bei Wettkämpfen mitgeführt und sowohl vor als auch während des Wettkampfes eingenommen werden. Vor einem Wettkampf kann man durch maximale Inspiration von Sauerstoff mit anschließendem „Luftanhalten" einen sogenannten „Sauerstoffspeichereffekt" erzielen. Das ist darauf zurückzuführen, dass die normale Atemluft 21% Sauerstoff enthält, die Expirationsluft jedoch nur etwa 17%. Somit können 4% Sauerstoff aus der Luft „ausgeschöpft" werden. SCHÖFFEL et al. (2015) erklären, dass man eine „Sauerstoffschuld" eingeht, wenn man die Luft länger anhält. Das bedeutet, dass der Organismus ohne oder zumindest mit weniger Sauerstoff Energie herstellen muss, wobei Laktat entsteht, das den Atemantrieb zusätzlich verstärkt. Dies wäre zum Beispiel bei Schwimmsportlern, welche die ersten Meter ohne atmen schwimmen könnten, von Vorteil (SCHÖFFEL et al. 2015).

6 Natürliche Dopingmittel /-methoden

Schon seit mehr als „50 Jahren werden potenziell leistungssteigernde Ernährungs-maßnahmen vor und während physischer Belastungen untersucht und diskutiert", insbesondere im Ausdauersport (SCHEK 2014). Fest steht, dass die Ernährung sowohl die direkte als auch die indirekte Leistungsfähigkeit beeinflusst, wobei man unter indirektem Einfluss die jeweiligen Auswirkungen auf die menschliche Gesundheit versteht (KIEFER & EKMEKCIOGLU 2014). Bisher sind viele Ernährungsempfehlungen für Training und Wettkampf erstellt worden, die vor allem die „Aufrechterhaltung der Leistung durch bedarfsangepasste Zufuhr von Energie, Flüssigkeit, Vitaminen und Mineralstoffen oder eine (angebliche) Leistungssteigerung durch Supplemente im Auge haben" (SCHEK 2014). Etwas später erfolgte erst die Formulierung von regenerationsfördernden Ernährungsempfehlungen, um leistungshemmenden Überbelastungen vorzubeugen (SCHEK 2014).

Allgemein kann man sagen, dass es nur wenige natürliche Stoffe gibt, die nachweislich die Leistung steigern. Es gibt viele Substanzen, von denen man zwar eine Wirksamkeit vermutet, diese jedoch nicht belegen kann, da zu wenige Studienergebnisse vorhanden sind (RASCHKA & RUF 2012). In den nächsten Kapiteln wird ein Überblick über die Makro- und Mikronährstoffe und deren Rolle für die sportliche Leistungsfähigkeit gegeben. Weiters wird das Thema Nahrungsergänzungsmittel und deren potenzielle positive Wirkung auf die Leistung diskutiert.

6.1 Makronährstoffe

Kohlenhydrate, Proteine und Fette sind die drei Grundnährstoffe, aus denen der Mensch Energie gewinnt. Sie zählen zu den Makronährstoffen und sind auch die primäreren Nährstoffe für den Sportler (RASCHKA & RUF 2012). Durch sie lässt sich der Körperbau des Sportlers wesentlich beeinflussen, weshalb sie, je nach Sportart, individuell angepasst werden müssen, um so Gewicht, Muskelmasse und Körperfettanteil zu optimieren (GUEST et al. 2019).

Darüber hinaus spielen auch sekundäre Pflanzenstoffe, Ballaststoffe, sowie Wasser eine wichtige Rolle.

Die folgende Abbildung 3 gibt einen Überblick über die verschiedenen Makronährstoffe:

Nährstoffübersicht		
energieliefernde Nährstoffe (Makronährstoffe)		
Hauptnährstoffe		
Kohlenhydrate	4,1 kcal/g	• Monosaccharide (Glukose, Fruktose) • Disaccharide (Saccharose, Laktose) • Polysaccharide (Maltodextrin, Stärke etc.)
Protein	4,1 kcal/g	Struktur- und Funktionsproteine
Fett	9,3 kcal/g	Fette, Fettsäuren, Cholesterin
Alkohol	7,1 kcal/g	Ethanol
Ballaststoffe	2,0 kcal/g	Nahrungsfasern, Fermentationsprodukte

Abbildung 3: Überblick über die verschiedenen Makronährstoffe (RASCHKA & RUF 2012).

6.1.1 Kohlenhydrate

Kohlenhydrate bestehen aus Monosacchariden (Einfachzuckern), wobei man je nach Kettenlänge Mono-, Di-, Oligo- und Polysaccharide unterscheidet (RASCHKA & RUF 2012). Die Polysaccharide, welche sich aus hunderten Glukosemolekülen zusammensetzen, heißen auch komplexe Kohlenhydrate. Hierzu zählen pflanzliche und tierische Stärke sowie Inulin. Der Vorteil von komplexen Kohlenhydraten ist, dass die Verdauung dieser Nahrungsmittel länger dauert, der Blutzuckerspiegel langsamer steigt und somit die Glukoseversorgung länger gegeben ist. Darüber hinaus ist auch aus gesundheitlicher Sicht eine Ernährung, die reich an komplexen Kohlenhydraten ist, von Vorteil (RASCHKA & RUF 2012). Brot, Getreideflocken, Kartoffeln und Gemüse sind Quellen von komplexen Kohlenhydraten.

Auch der glykämische Index (GI) ist ein wichtiger Begriff, was Kohlenhydrate betrifft. Der glykämische Index „klassifiziert Lebensmittel hinsichtlich ihrer Fähigkeit, den Blutzuckerspiegel zu beeinflussen" (KIEFER & EKMEKCIOGLU 2014). Jene Lebensmittel, die zu einem langsamen und geringen Anstieg des Blutzuckerspiegels führen, weisen einen niedrigen GI auf, während Lebensmittel, die zu einem schnellen und hohen Anstieg des Blutzuckerspiegels führen, einen hohen GI aufweisen (KIEFER & EKMEKCIOGLU 2014). Der GI ist von folgenden Faktoren abhängig:

- der Kohlenhydratzusammensetzung der Nahrung (also Anteil von Stärke, Ballaststoffen und simplen Kohlenhydraten,

- der Bearbeitung der Lebensmittel (ganzer Apfel vs. Apfelsaft),

- dem Vorhandensein von anderen Nährstoffen, die unter Umständen einen Einfluss auf die Verdauung und Aufnahme der Kohlenhydrate haben,

- der Effizienz der Verdauung und insbesondere der Schnelligkeit der Magenentleerung (KIEFER & EKMEKCIOGLU 2014).

Allgemein gilt laut RASCHKA & RUF (2012) folgendes: „Kohlenhydrate sind für die körperliche Aktivität und das Gehirn die wichtigste Energiequelle!" Auch KIEFER & EKMEKCIOGLU (2014) schreiben, dass Kohlenhydrate die primäre Funktion haben, den Körper mit Energie zu versorgen. Die Kohlenhydrataufnahme beziehungsweise die Glykogenreserven spielen daher für die körperliche Leistung eine wichtige Rolle. Wird die zugeführte Glukose nicht unmittelbar zur Energiegewinnung genutzt, wird diese in der Leber und der Muskulatur in Form von Glykogen gespeichert, wobei die Kohlenhydratspeicher des Menschen im Gegensatz zu großen Fettdepots limitiert sind (KIEFER & EKMEKCIOGLU 2014). RASCHKA & RUF (2012) erklären, dass der Körper ähnlich wie ein Auto funktioniert: „Eine hohe Geschwindigkeit verbraucht verhältnismäßig viel Benzin und ist damit unökonomisch. Übertragen auf den Sport heißt das: Nahrung „nachtanken" oder eine Pause einlegen." Man kann sagen, dass Belastungen umso länger möglich sind, je höher der Glykogenausgangswert liegt. Wie schnell es jedoch zu einer Entleerung der Glykogenspeicher kommt, hängt von der jeweiligen sportlichen Belastung ab. Generell liegt ein starker Zusammenhang zwischen Glykogenentleerung im Muskel und Leistungsabfall nur im Belastungsbereich von 65-75 Prozent der VO2 max. vor. Unterhalb dieser Grenze kann über mehrere Stunden Sport betrieben werden, ohne dass es zu einer Entleerung der Glykogenspeicher kommt. Im Gegensatz dazu tritt oberhalb von 90 Prozent der VO2 max. bereits bevor die Speicher entleert sind, eine Erschöpfung ein (RASCHKA & RUF 2012). Zudem ist zu erwähnen, dass bei sehr hoher Intensität von über 95 Prozent der VO2 max. fast nur noch Kohlenhydrate vom Körper verbrannt werden können. Beispielsweise kann es somit bei zu hohem Tempo am Anfang eines Wettkampfes zu einem vorzeitigen Belastungsabbruch kommen. Eine Steigerung der Oxidationsrate von Glukose im Muskel kann bei ausgeglichenem Blutzuckerspiegel nicht über 1g/min erfolgen, jedoch ist der Organismus fähig, bei hochintensiver Belastung eine Steigerung von etwa 3g/min zu erreichen (RASCHKA & RUF 2012). Weiters erklären RASCHKA & RUF (2012), dass ein frühzeitiger Eintritt von Erschöpfung „durch Kohlenhydratmengen von ca. 30-60g pro Stunde während des Wettkampfs/ der Belastung" verhindert werden kann. Zu diesem Schluss kommen auch KIEFER & EKMEKCIOGLU (2014), wobei sie ab Aktivitäten, die länger als 2,5 Stunden dauern, eine Zufuhr von 90g pro Stunde empfehlen. Es werden Glukose, Saccharose, Maltodextrine und stärkereiche Produkte in fester oder flüssiger Form empfohlen, während Fruktose nur in geringeren Mengen aufgenommen werden soll, da es sonst eventuell zu gastrointestinalen Beschwerden kommen könnte (RASCHKA & RUF 2012).

Oft werden Kohlenhydratkonzentrate wie Glukosepolymer-Lösungen, Gels und Riegel im Ausdauersport beworben, da sie verschiedene Kohlenhydrate in kombinierter Form enthalten. Jedoch bieten Fruchtsäfte, Bananen, Weißbrot mit Honig oder auch Milchreis eine ähnlich gute Energieversorgung (SCHEK 2014). Von Bedeutung sind nicht nur „ausreichende Glykogenspeicher vor der Belastung und eine ausreichende Kohlenhydratzufuhr während der Belastung, sondern auch das Auffüllen der Glykogenspeicher nach intensiven körperlichen Belastungen". Da eine Resynthese für Glykogen etwa 30-60 Minuten nach der Belastung am besten ist, sollte die Auffüllung relativ rasch erfolgen (KIEFER & EKMEKCIOGLU 2014). KIEFER & EKMEKCIOGLU (2014) erklären, dass vor einer Belastung Kohlenhydrate mit niedrigem glykämischen Index sinnvoll sind und während beziehungsweise nach einer Belastung Kohlenhydrate mit hohem glykämischen Index, um die Speicher möglichst schnell wieder aufzufüllen.

6.1.2 Proteine

Proteine bestehen aus Aminosäuren, welche kettenartig miteinander verknüpft sind. Es gibt 20 verschiedene Aminosäuren im menschlichen Körper, welche auf unterschiedliche Weise verknüpft sein können. Daher gibt es eine Vielzahl von Proteinvariationen, die funktionelle Aufgaben im Körper erfüllen und als Hormone, Enzyme und Antikörper bei der Infektabwehr wirken (RASCHKA & RUF 2012). Außerdem fungieren sie als Körperstrukturen, wie Gerüstproteine im Bindegewebe, Haut und Haaren oder Kontraktionsproteine (Aktin, Myosin) in Muskelfasern. Die Muskulatur enthält etwa 60 Prozent des Gesamtkörpereiweißes und ist somit Hauptspeicherort der Proteine, welcher „nicht direkt als Energiequelle, sondern vielmehr als Baustoff" dient (RASCHKA & RUF 2012).

essenzielle Aminosäuren	bedingt essenzielle Aminosäuren	nicht essenzielle Aminosäuren
Histidin	Tyrosin	Alanin
Isoleucin	Cystein	Asparagin, -säure
Leucin	Arginin	Glutaminsäure
Lysin	Glutamin	
Methionin	Prolin	
Phenylalanin	Glycin	
Threonin	Taurin	
Tryptophan	(Serin)	
Valin		

Abbildung 4: Überblick über die Aminosäuren (RASCHKA & RUF 2012).

Insgesamt besteht laut RASCHKA & RUF (2012) ein Kilogramm Muskulatur aus circa 22 Prozent Eiweiß, 70 Prozent Wasser und 7 Prozent Fett. Es wird erklärt, dass Aminosäuren bei überschüssiger Proteinzufuhr zu einem gewissen Teil gespeichert oder zur Energiegewinnung verbrannt werden können. Es gibt, wie Abbildung 4 zeigt, essenzielle, bedingt essenzielle und nicht essenzielle Aminosäuren, wobei die essenziellen Aminosäuren nicht vom Körper selbst produziert werden können und daher über die Nahrung aufgenommen werden müssen. Gute Proteinquellen sind Milch- und Milchprodukte, mageres Fleisch, Fisch, Eier und Hülsenfrüchte (RASCHKA & RUF 2012).

Grundsätzlich empfiehlt sich für Sportler eine „höhere Proteinzufuhr als für Nichtsportler, weil Aminosäuren einerseits als energetisch verwertbare Substrate, andererseits als Ausgangssubstanzen für die Muskelproteinsynthese dienen" (SCHEK 2014). Für leistungsorientierte Ausdauer- und Kraftsportler empfiehlt das American College of Sports Medicine 1,2-1,7g Protein/kg Körpergewicht (SCHEK 2014). Diese Mengen können grundsätzlich durch eine ausgewogene Ernährung erreicht werden. Um maximalen Erfolg durch die Aufnahme von Proteinen zu erzielen, ist das jeweilige Timing der Aufnahme zu beachten. Eiweiß ist besonders nach der Belastung, insbesondere nach einem Krafttraining, wichtig, „um die

Muskelregeneration sowie die Muskelproteinsynthese und damit verbunden das Muskelwachstum anzuregen" (KIEFER & EKMEKCIOGLU 2014). Um eine optimal anabole Wirkung zu erzielen, sollten zwischen 20 und 25g Proteine unmittelbar nach dem Training aufgenommen werden (KIEFER & EKMEKCIOGLU 2014).

Darüber hinaus sollte auch die sogenannte biologische Wertigkeit des Eiweißes beachtet werden. Hierbei geht es um die Proteinqualität von eiweißreichen Lebensmitteln. Kombiniert man bestimmte Lebensmittel richtig, so kann sich deren Qualität erhöhen. Gerade im Sport sollte nach dem Motto „Qualität statt Masse" vorgegangen werden (RASCHKA & RUF 2012).

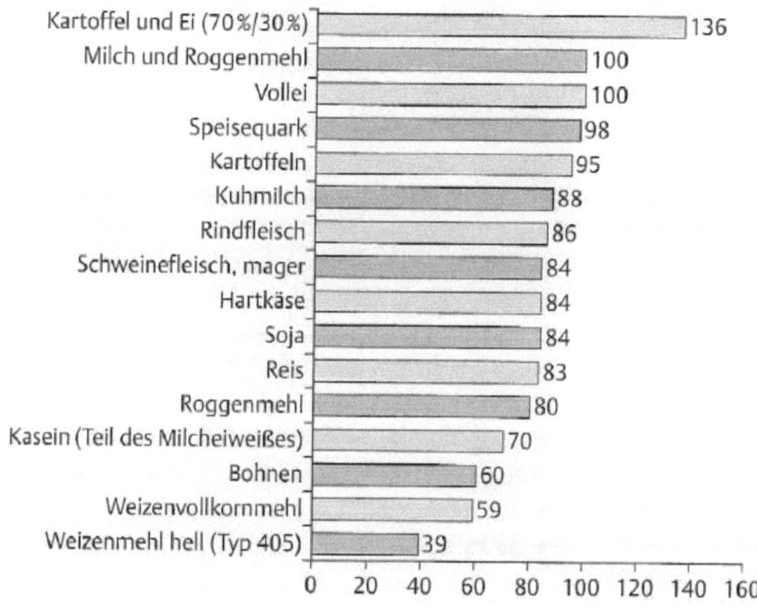

Abbildung 5: Proteinqualität einiger Lebensmittel (RASCHKA & RUF 2012)

Abbildung 5 zeigt die biologische Wertigkeit verschiedener Lebensmittel. Es gilt: „Je höher die biologische Wer-tigkeit, desto höher ist die Proteinqua-lität des Lebensmittels" (RASCHKA & RUF 2012). Gute Beispiele für protein-reiche Lebensmittelkombinationen sind Kartoffeln mit Ei oder Milchprodukten, Getreide mit Milchprodukten, Getreide mit Fleisch, Getreide mit Fisch, Getrei-de mit Eiern oder Getreide mit Hülsen-früchten (RASCHKA & RUF 2012).

Nach wie vor stellt sich die Frage, ob eine zu hohe Proteinzufuhr schädlich ist. Laut KIEFER & EKMEKCIOGLU (2014) ist eine leichte Proteinerhöhung auf 20 bis 25% der Gesamtenergiezufuhr pro Tag unbedenklich, was einer Zufuhr von etwa 2g Protein pro kg Körpergewicht entspricht. Eine noch höhere Zufuhr an Proteinen kann jedoch gesundheitliche Risiken mit sich bringen. Beispielsweise erhöht sich durch den vermehrten Konsum von Fleisch und Fisch die Purinzufuhr, was ein gesteigertes Risiko für Hyperurikämie beziehungsweise Gicht bedeutet. Darüber hinaus kann es zu einer Verschlechterung der Nierenfunktion durch eine Überlastung der Filtrationsprozesse der Niere, sowie einer vermehrten Säurebelastung des Körpers durch die Aufnahme größerer Mengen an tierischem Eiweiß kommen (KIEFER & EKMEKCIOGLU 2014). Außerdem erklären RASCHKA & RUF (2012), dass man das Plateau, auf dem ein Mehr an Protein keinerlei Vorteile mehr bringt, schnell erreicht. Konsumiert man mehr Eiweiß als man benötigt, nutzt der Körper den Eiweißüberfluss für den Energiehaushalt und Proteine werden dann zu Kohlenhydraten und Fetten umgewandelt. Das führt dazu, dass anstelle von mehr Muskelmasse mehr Körperfett entsteht. Es ist daher auch wenig sinnvoll, auf Kohlenhydrate weitgehend zu verzichten. Wird mit leeren Kohlenhydratspeichern intensiv trainiert – egal ob im Kraft- oder Ausdauersport – wird der Körper neben gespeichertem Fett auch immer einen Teil seiner Energie aus Proteinen ziehen müssen. Will man also sein Muskelprotein schützen, sollte man auf eine ausreichende Kohlenhydrataufnahme achten (RASCHKA & RUF 2012).

6.1.3 Fette

Fett, oder auch Triglyzerid, „besteht aus Glyzerin (= dreiwertiger Alkohol), das mit drei Fettsäuren verestert ist" (RASCHKA & RUF 2012). Fette kommen in der Natur in fester, wie beispielsweise Butter, und flüssiger Form, in Form von Pflanzenölen, vor. Triglyzeride sind flüssig, wenn sie reich an ungesättigten Fettsäuren sind, wobei hier zwischen einfach und mehrfach ungesättigten Fettsäuren unterschieden wird. Die essenziellen Fettsäuren Linolsäure (z.B. in Sonnenblumenöl) und α-Linolensäure (z.B. in Leinöl) gehören zu den ungesättigten Fettsäuren, die vermehrt aufgenommen werden sollten. Sportler sollten besonders auf die bewusste Auswahl von Fetten achten. Ungesättigte Fettsäuren sind leichter verdaulich, wichtig für den Stoffwechsel, die Elastizität der Zellmembranen, die Fließeigenschaften des Blutes, sowie das Wachstum und die Regeneration der Zellen. Darüber hinaus sind Fette wichtige Energielieferanten für die Skelettmuskulatur (KIEFER & EKMEKCIOGLU 2014).

Fette liefern im Vergleich zu den anderen Makronährstoffen die meiste Energie und erfüllen auch wichtige Funktionen im menschlichen Körper:

- Bildung von Zellbausteinen, vor allem der Zellmembran (äußere Hülle der Zelle),

- Bildung einer vor Kälte schützenden Isolationsschicht in der Haut,

- Bildung einer Schutzschicht für innere Organe, die sie vor mechanischen Einflüssen schützen,

- Bildung von biologisch wirksamen, körpereigenen Stoffen, die verschiedenste Funktionen erfüllen (KIEFER & EKMEKCIOGLU 2014).

Generell sollen Trainingsumfang beziehungsweise Trainingsintensität bei der Hauptnährstoffverteilung berücksichtigt werden. Abbildung 6 gibt einen Überblick über die Unterschiede in der Hauptnährstoffverteilung bezogen auf die Belastungsintensität:

Trainingsintensität	Breitensportler/Fitness-Sportler	moderat, intensives Training	hochintensives Training
Trainingsumfang	30–60 min/Tag, 3–4 × /Woche	2–3 h/Tag, 5–6 × /Woche	3–6 h/Tag in 1–2 Einheiten, 5–6 × /Woche
Kohlenhydrate	50 % (4 g/kg/Tag*)	55–65 % (5–8 g/kg/Tag*)	8–10 g/kg/Tag*
Fett	30 % (max.)	30 % (max.)	30 % (max.)
Protein	12–15 % (0,8–1,0 g/kg/Tag*)	15 % (1,0–1,5 g/kg/Tag*)	1,5–1,7 g/kg/Tag*

*Gramm pro Kilogramm Körpergewicht pro Tag

Abbildung 6: Hauptnährstoffverteilung nach Belastungsintensität (Angaben in Energieprozent) (RASCHKA & RUF 2012).

Von dieser Abbildung geht ebenfalls hervor, dass es hinsichtlich der Trainingsintensität keinen erhöhten Bedarf an Fett gibt, was die bedeutendere Rolle der Proteine und Kohlenhydrate für die Leistung im Sport hervorhebt. Obwohl in Ruhe und bei leichten Belastungen die Energie hauptsächlich über die Fettverbrennung zur Verfügung gestellt wird, erfolgt dies bei intensiveren Belastungen über die Kohlenhydratverbrennung (KIEFER & EKMEKCIOGLU 2014). RASCHKA & RUF (2012) erklären, dass der Fettanteil in der Ernährung von Sportlern nicht über 30% liegen soll, da dies sonst auf Kosten des Kohlenhydratanteils und somit der Leistungsfähigkeit erfolgen würde. Außerdem ist aufgrund der großen Fettspeicher im Körper ein Mangel an Fetten, welcher die Leistung negativ beeinflussen würde, nicht zu befürchten (KIEFER & EKMEKCIOGLU 2014). KIEFER & EKMEKCIOGLU (2014) ziehen folgenden Schluss: „Eine fettreiche Kost wird daher keine leistungssteigernde Wirkung haben, sondern eventuell sogar das Gegenteil bewirken, einerseits durch die potenzielle Verdrängung der Kohlenhydrate aus der Kost und bei längerem Verzehr auch durch das Risiko einer Gewichtszunahme". Trotzdem sollte auf die Zufuhr der richtigen Fette, vor allem Omega-3-Fettsäuren, geachtet werden, da diese unter anderem entzündungshemmende und gefäßschützende Eigenschaften besitzen (KIEFER & EKMEKCIOGLU 2014).

6.1.4 Ballaststoffe

Ballaststoffe sind „natürliche Bestandteile von Lebensmitteln pflanzlicher Herkunft", die im Darm nicht oder nur unvollständig aufgeschlossen werden können (KIEFER & EKMEKCIOGLU 2014). Sie können in wasserlösliche und wasserunlösliche Ballaststoffe eingeteilt werden. Pektine, wasserlösliche Hemizellulose, Inulin und Oligofruktose sind wasserlösliche Ballaststoffe und sind beispielsweise in Äpfeln, Zitrusfrüchten, Bananen, Karotten, Hülsenfrüchten, Hafer oder Leinsamen enthalten. Im Gegensatz dazu kommen die wasserunlöslichen Ballaststoffe wie Lignin, Zellulose, oder wasserunlösliche Hemizellulose hauptsächlich in Vollkornprodukten, Weizenkleie, Blattgemüse und Zitrusfrüchten vor (KIEFER & EKMEKCIOGLU 2014). Laut RASCHKA & RUF (2012) sind Ballaststoffe und resistente Stärke (ca. ein Zehntel wird im Dünndarm nicht enzymatisch abgebaut) im Dickdarm als fermentierbares Substrat für Bakterien verfügbar, was sich positiv auf das Darmmilieu auswirkt. Ihr Reichtum an Mikronährstoffen, wie etwa Vitamin B in Vollkornprodukten oder Vitamin C in Kartoffeln, ist ebenfalls erwähnenswert (RASCHKA & RUF 2012). Mikronährstoffe sind auch im Sport wichtig, weshalb sie im nächsten Abschnitt näher behandelt werden.

6.2 Mikronährstoffe

Neben den Makronährstoffen gibt es auch die Mikronährstoffe, welche zwar keine Energie spenden, aber wichtige Funktionen im Körper übernehmen. Dazu gehören die Mineralstoffe (Mengen- und Spurenelemente) und die Vitamine (RASCHKA & RUF 2012). SCHEK (2014) erklärt, dass Sportler einen etwas höheren Bedarf an Mikronährstoffen haben als Nichtsportler, wobei die Unterschiede im Vergleich zum allgemeinen Energiebedarf nicht überproportional sind.

Die nachfolgende Tabelle (Abb. 7) gibt einen Überblick über die Mikronährstoffe.

nicht energieliefernde Nährstoffe (Mikronährstoffe)	
Vitamine	fettlösliche (E, D, K, A) sowie wasserlösliche B-Vitamine und Vitamin C .
Mineralstoffe	
Mengenelemente (Elektrolyte)	Natrium, Chlorid, Kalium, Kalzium, Phosphat, Magnesium, Sulfat
Spurenelemente	Eisen, Jod, Fluorid, Zink, Selen, Kupfer, Mangan, Chrom, Molybdän, Kobalt, Nickel
Ultraspurenelemente	Aluminium, Silicium etc.
sekundäre Pflanzenstoffe	Carotinoide, Phytosterine, Phytoöstrogene, Polyphenole etc.
Wasser	
1 kcal=4,18kJ (Kilojoule). Joule ist zwar die neuere Energiebezeichnung, setzt sich in der Praxis gegenüber der Kilokalorie aber kaum durch.	

Abbildung 7: Überblick über die verschiedenen Mikronährstoffe (RASCHKA & RUF 2012).

6.2.1 Vitamine

„Unter Vitaminen versteht man organische Substanzen, die vom Körper nicht als Energieträger, sondern für andere lebenswichtige Funktionen (lat. vita: das Leben) benötigt werden" (RASCHKA & RUF 2012). Da sie vom Körper nicht eigenständig produziert werden können, müssen sie mit der Nahrung aufgenommen werden. Sie sind wichtig für die Verstoffwechselung von Proteinen, Kohlenhydraten und Fetten und für den Aufbau von Enzymen und Blutzellen. Darüber hinaus haben sie antioxidative Wirkung, was für den Gewebs- und Zellschutz von Bedeutung ist (RASCHKA & RUF 2012).

Abbildung 8 gibt einen Überblick über den täglichen mittleren Vitaminbedarf und die Funktion und Bedeutung der verschiedenen Vitamine für Sportler. Man unterscheidet fettlösliche und wasserlösliche Vitamine (RASCHKA & RUF 2012).

Vitamin	Zufuhrempfehlungen	Hauptfunktion	besondere Bedeutung im Sport
fettlösliche Vitamine			
A Retinol	1,0 mg M 0,8 mg F >3 mg/Tag nicht über längere Zeit einnehmen!	Schutzfunktion für Haut und Schleimhäute (Radikalfänger), „Augenvitamin" (Dämmerungssehen)	Antioxidans → hochaktive Sportler
Beta-Carotin	2–4 mg	s. o.	s. o.
D Calciferol	5 µg	Regulation des Kalziumhaushaltes	Knochengesundheit
E Tocopherol	15 mg M 12 mg F	Radikalfänger, Antioxidans (verhindert Oxidation ungesättigter Fettsäuren)	Antioxidans → hochaktive Sportler: Vit. E hilft, belastungsbedingte Gewebeschäden zu reduzieren
K Phyllochinon	70 µg M 60 µg F (1 µg/kg KG)	Blutgerinnung, Beteiligung an Knochenbildung	
wasserlösliche Vitamine			
B$_1$ Thiamin	1,2 mg M 1,0 mg F 0,5 mg/1000 kcal (4,2 MJ)	Kohlenhydratstoffwechsel	hohe Kohlenhydrataufnahme → Ausdauersport
B$_2$ Riboflavin	1,4 mg M 1,2 mg F 0,6 mg/1000 kcal (4,2 MJ)	Energiestoffwechsel, insbes. Abbau von Fettsäuren	Athleten mit hoher Energieaufnahme/-verbrennung
B$_6$ Pyridoxin	1,5 mg M 1,2 mg F (20 µg/g Nahrungsprotein)	Eiweißstoffwechsel	höhere Eiweißaufnahme → Muskelaufbau
B$_{12}$ Cobalamin	3,0 µg 0,3 mg/1000 kcal (4,2 MJ)	Abbau von Fett- u. Aminosäuren, Folsäurestoffwechsel, Gefäßgesundheit	Athleten mit hoher Energieverbrennung
Pantothensäure	6 mg	bedeutsam für den gesamten Stoffwechsel wie auch Energie	Athleten mit hoher Energieaufnahme/-verbrennung
Niacin	16 mg M 13 mg F	Energiestoffwechsel	Athleten mit hoher Energieaufnahme
Biotin	30–60 µg	Fettsäureverbrennung u. -synthese, Beteiligung am Aminosäureabbau, Gluconeogenese	Athleten mit hoher Energieverbrennung
Folsäure	400 µg	Zellwachstum/-teilung, Gefäßgesundheit	Regeneration
C Ascorbinsäure	100 mg	Radikalfänger, fördert die Eisenaufnahme aus Pflanzen	Immunsystem → intensive Trainingseinheiten, Radikalfänger → Schutz bei „oxidativem Stress", positiv für Eisenaufnahme → Sportlerinnen (!), Höhenbergsteiger

M: Männer; F: Frauen; KG: Körpergewicht; MJ: Megajoule

Abbildung 8: Täglicher mittlerer Vitaminbedarf, Funktion und Bedeutung für Sportler (RASCHKA & RUF 2012).

Es wird laut RASCHKA & RUF (2012) angenommen, dass bei Sportlern ein leicht erhöhter Bedarf an Beta-Carotin, Vitamin C und Vitamin E besteht, da durch intensiven Sport mehr freie Radikale entstehen, welche Gewebe schädigen und somit zu Muskelschädigung bzw. Muskelermüdung beitragen können (RASCHKA & RUF 2012). Auch SCHEK (2014) erklärt, dass die gesteigerte Bildung von reaktiven Sauerstoffverbindungen („Radikale") Zellbestandteile wie Proteine, Fette und Nukleinsäuren schädigen können. Darüber hinaus wird die Ermüdung bei submaximalen Belastungen von mehr als 30 Minuten Dauer zum Teil auf den dabei entstehenden oxidativen Stress zurückgeführt. Antioxidantien sollen oxidativen Stress reduzieren (SCHEK 2014). In einem aktuellen Bericht von HARTY et al. im Journal Sports Medicine wird ebenfalls erklärt, dass eine langfristige Ernährung, die reich an antioxidativen Lebensmitteln ist, trainingsbedingte Muskelschäden reduzieren kann. Einige Studien kamen beispielsweise zu dem Ergebnis, dass der Konsum von Kirschsaft, Granatapfelsaft, Rote Beete Saft oder Wassermelonensaft zu einer verbesserten Muskelregeneration führen kann (HARTY et al. 2019). In diesen Säften sind Stoffe und Verbindungen, wie zum Beispiel der Pflanzenfarbstoff Anthocyan in der Kirsche oder der Gerbstoff Ellagitannin im Granatapfel enthalten, die antioxidative Eigenschaften besitzen und sich so positiv auf den Muskel auswirken. Selbes gilt laut HARTY et al. (2019) auch für Vitamin D3. Es wird argumentiert, dass durch die schnellere Regeneration und die Verminderung von Muskelschäden die sportliche Leistung positiv beeinflusst werden kann (HARTY et al. 2019). Außerdem erklärt SCHEK (2014), dass das Risiko einer Unterversorgung mit Vitamin D bei Leistungssportlern gleich hoch ist wie bei Nichtsportlern, jedoch sind die Auswirkungen einer zusätzlichen Einnahme von Vitamin D noch nicht ausreichend wissenschaftlich belegt. Die Ergebnisse für Vitamin E und Vitamin C sind ebenfalls kontrovers (HARTY et al. 2019). HARTY et al. (2019) bestätigen ebenfalls, dass viele der Studien noch weiterer Untersuchungen bedürfen, um eindeutige Schlüsse ziehen zu können.

Herrscht keine Unterversorgung an Vitaminen vor, ist laut RASCHKA & RUF (2012) keine Leistungsoptimierung durch zusätzliche Zufuhr zu erwarten. Auch SCHEK (2014) schreibt, dass „der sportbedingte oxidative Stress vorübergehend ist und regelmäßiges Training den Körper dazu veranlasst, vermehrt enzymatische und nicht-enzymatische Antioxidantien in den Muskelfasern bereitzustellen (Adaptation), um Schäden an den biologischen Strukturen abzuwenden". Daher kann es laut SCHEK (2014) genauso sein, dass Megadosen von Vitamin E, Vitamin C und ß-Carotin negative Auswirkungen auf den Körper haben. Antioxidative Vitamine dienen in den Skelettmuskelzellen als Signalgeber für die Expression zahlreicher antioxidativer und mitochondrialer Enzyme, weshalb nachgewiesen werden konnte, dass diese Vitamine in sehr hohen Dosen die adaptiven Effekte von aerobem Training im Hinblick auf die Leistung sogar behindern können. Außerdem ist zu berücksichtigen, dass isolierte Gaben von Vitaminen nicht dieselbe positive Wirkung haben wie das Nahrungsmittel als Ganzes, welches mit sekundären Pflanzenstoffen synergetisch wirkt (SCHEK 2014).

6.2.2 Mineralstoffe

Die Gruppe der Mineralstoffe besteht aus Mengen- und Spurenelementen. Zu den Mengenelementen zählen die Metalle Kalzium, Magnesium, Natrium und Kalium sowie die Nichtmetalle Phosphor, Chlor und Schwefel. Spurenelemente sind Eisen, Zink, Mangan, Kupfer, Jod, Selen und Fluor. Beim Sport gehen vermehrt Mineralstoffe über den Urin oder Schweiß verloren, welche jedoch wichtige Funktionen erfüllen (RASCHKA & RUF 2012).

Die nachfolgende Tabelle (Abb. 9) zeigt den täglichen Mineralstoffbedarf bei Sportlern und Nichtsportlern.

Mineral-stoff	Nichtsportler: Bedarf pro Tag	Verluste pro Liter Schweiß	Sportler (intensiv): Bedarf pro Tag bei 3 Liter Schweißbildung + Bedarf Nichtsportler	Hauptfunktion
Kochsalz (NaCl)	6 g	2–3 g (700–1500 mg Na)	ca. 12 g	Wasser- (I) und Säure-Basen-Haushalt, nervale Reizleitung (Mangel: Muskelkrämpfe, Hyponatriämie)
Kalium	2000 mg	200–400 mg	ca. 3 g	Intrazellulärer osmotischer Druck (Antagonist zu Na), Membranpotenzial
Magnesium	350 mg (M), 300 mg (F)	2–10 mg	ca. 370 mg	Muskel- und Nervenerregbarkeit (Mangel: Muskelkrämpfe u. Ermüdung), Enzymaktivierung beim Energiestoffwechsel
Kalzium	1000 mg	20–40 mg	ca. 2000 mg	Knochenbildung, Muskelkontraktion, Nervenleitung, Herzfunktion
Eisen	10 mg (M), 15 mg (F)	0,3–0,6 mg	ca. 16 mg	Sauerstofftransport (Hämoglobin- u. Myoglobin), Bestandteil von Enzymen, Thermoregulation, Immunfunktion
Zink	10 mg (M), 7 mg (F)	0,5–1,0 mg	ca. 12 mg	Enzymaktivierung, Wundheilung, Immunfunktion

M: Männer; F: Frauen

Abbildung 9: Täglicher mittlerer Mineralstoffbedarf für Sportler und Nichtsportler (RASCHKA & RUF 2012).

Laut KIEFER & EKMEKCIOGLU (2014) spielen für Sportler vor allem Eisen und Magnesium hinsichtlich der sportlichen Leistungsfähigkeit eine wichtige Rolle.

Eisen ist Bestandteil des Hämoglobins im Blut, welches für den Sauerstofftransport zuständig ist. Liegt ein Mangel vor, so kann es zu einer Anämie (Blutarmut) und damit verbunden zur Abnahme der Sauerstoffkapazität kommen (KIEFER & EK-MEKCIOGLU 2014). Durch den höheren Sauerstoffumsatz im Sport wird mehr Eisen benötigt, um eine ausreichende Sauerstoffversorgung zu gewährleisten, weshalb es bei einem Mangel wie oben beschrieben zu Einbußen der körperlichen Leistungsfähigkeit kommen kann (RASCHKA & RUF 2012). KIEFER & EK-MEKCIOGLU (2014) erklären, dass Eisen ein Bestandteil verschiedener zellulärer Enzyme ist, wie beispielsweise Cytochrome, welche bei der zellulären Energieproduktion und ATP-Bildung beteiligt sind. Ein zu geringer Eisenwert kann auch aus diesem Grund zu verminderter körperlicher Leistungsfähigkeit führen. Verschiedene Studienergebnisse zeigen, dass besonders die Ausdauerleistung, genauer gesagt VO2 max., von einem Eisenmangel beeinträchtigt wird, wobei die Beeinträchtigung vom Schweregrad des Mangels abhängig ist. Eisen ist sowohl in tierischen als auch pflanzlichen Lebensmitteln enthalten, jedoch ist in pflanzlichen Lebensmitteln die „Bioverfügbarkeit, der prozentuelle Anteil aus der Nahrung, der absorbiert wird, aufgrund von Hemmstoffen, wie Phytin- und Oxalsäure sowie Polyphenole, in der Nahrung deutlich niedriger als in Fleisch" (KIEFER & EK-MEKCIOGLU 2014). Die Aufnahme kann jedoch beispielsweise durch gleichzeitigen Verzehr von Vitamin-C-reichem Gemüse (z.B. Kohl) oder Obst (z.B. Zitronen- oder Orangensaft) verbessert werden. Laut KIEFER & EKMEKCIOGLU (2014) ist bei einer Zufuhr von circa 10-15mg Eisen pro Tag und einer Bioverfügbarkeit von etwa 10-15% bei einer ausgewogenen Ernährung die Absorption und Ausscheidung von Eisen ausgeglichen. Es sollte bedacht werden, dass eine zu hohe Zufuhr von Eisen auch Nachteile mit sich bringen kann. Einige epidemiologische Studien aus den letzten Jahrzehnten haben gezeigt, dass „höhere Eisenspeicher mit einem gesteigerten Risiko für die koronare Herzkrankheit oder auch für Diabetes einhergehen", weshalb eine Eisensupplementation immer gut überlegt sein sollte (KIEFER & EK-MEKCIOGLU 2014).

Magnesium ist Bestandteil von Knochen, Muskelzellen, Weichteilen und auch in geringem Maße der roten Blutkörperchen. Dieser Mineralstoff ist „bei über 300 Stoffwechselreaktionen im Körper beteiligt und wichtig für Funktionen von Nerven und Muskeln, die Energiebereitstellung, das Wachstum, verschiedenste Zellfunktionen und den Knochenaufbau" (KIEFER & EKMEKCIOGLU 2014). Ein Mangel kann zu

Muskelkrämpfen, Bluthochdruck, Herzrhythmusstörungen, sowie Störungen des Elektrolyt- und Zuckerhaushaltes führen. Gute Magnesiumquellen sind Gemüse, Vollkorngetreideprodukte, Hülsenfrüchte und Nüsse. Insbesondere bei magnesiumarmer Kost und gleichzeitigen längeren körperlichen Belastungen kann es durch Magnesiumverluste über den Schweiß sowie Harn kommen, was eine verminderte körperliche Leistungsfähigkeit zur Folge hat. Studien konnten zeigen, dass vor allem bei einer geringen Magnesiumzufuhr über die Ernährung eine Supplementation zu einer Leistungssteigerung führen kann. Bei einem normalen Magnesiumstatus durch eine ausgewogene Ernährung ist jedoch eine zusätzliche Zufuhr weitgehend wirkungslos und daher auch nicht empfehlenswert (KIEFER & EKMEKCIOGLU 2014).

Natürlich sind auch die restlichen Mineralstoffe wie Natrium oder Kalzium für Sportler und Sportlerinnen wichtig. Natrium wird als wichtigstes Kation des Extrazellulärraums bezeichnet und ist für die Erregung von Muskel- und Nervenzellen, sowie für die Aufrechterhaltung der Blutosmolarität von wichtiger Bedeutung, da es starke Flüssigkeitsverschiebungen zwischen dem Intra- und Extrazellulärraum verhindert und es so zu keiner Anschwellung oder Austrocknung von Zellen kommen kann. Eine Zufuhr von geringen Mengen an Natrium in Form von Natriumchlorid (Kochsalz) ist besonders bei längeren sportlichen Belastungen, bei denen Natrium über Schweiß verloren geht, empfehlenswert. Trotzdem sollte die Salzzufuhr auf maximal 5-6g pro Tag limitiert werden, da sonst ein höheres Risiko von Bluthochdruck und in weiterer Folge eines Herzinfarktes oder Schlaganfalles besteht. Auch auf eine ausreichende Kalziumzufuhr ist zu achten, um langfristig Knochenschwund beziehungsweise Knochenbrüchigkeit zu vermeiden und Schutz vor Frakturen nach Stürzen, sowohl im Alltag als auch im Sport zu gewährleisten. Da Kalzium fast ausschließlich in Milch- und Milchprodukten enthalten ist, wird ein täglicher Verzehr empfohlen (KIEFER & EKMEKCIOGLU 2014).

Laut RASCHKA & RUF (2012) kann normalerweise auch bei Sportlern der Mineralstoffbedarf durch eine ausgewogene Ernährung gut abgedeckt werden, da durch die körperliche Aktivität auch mehr Energie aufgenommen wird. Es gibt jedoch individuelle Unterschiede und Einflussgrößen, die beachtet werden sollten. Beispielsweise geht der Körper einer trainierten Person sparsamer mit Elektrolytverlusten um als der einer untrainierten Personen, da die Schweißzellen eines Sportlers mehr Elektrolyte zurückresorbieren (RASCHKA & RUF 2012). Auf das Thema Nahrungsergänzung wird in einem der folgenden Kapitel noch näher eingegangen.

6.2.3 Wasser

Wasser ist lebensnotwendig für Menschen. Insbesondere im Sport sollte Wasser aufgrund des höheren Wasserverlustes an erster Stelle stehen. Je nach Körperzusammensetzung wird für Nichtsportler eine Wassermenge von etwa 1,5 Liter pro Tag empfohlen, ist aber für Sportler deutlich höher (RASCHKA & RUF 2012). KIEFER & EKMEKCIOGLU (2014) erklären, dass bei „einem hohen Energieumsatz, heißer Umgebungstemperatur, trockener kalter Luft, intensiver körperlicher Arbeit oder Sport, hohem Kochsalz- oder Proteinverzehr sowie pathologischen Zuständen, wie z.B. Fieber, Erbrechen oder Durchfall" der Wasserbedarf ansteigt. Sportler verlieren bei mäßiger Belastungsintensität etwa 0,5 Liter Schweiß pro Stunde, bei intensiver Belastung circa 1 Liter Schweiß pro Stunde und bei extremer Belastung sogar bis zu 1,5 Liter Schweiß pro Stunde. Wird länger als eine Stunde trainiert, ist es notwendig, sowohl vor, während, als auch nach dem Sport ausreichend zu trinken. Die Menge ist von der jeweiligen Belastung abhängig. Beispielsweise wird bei Ausdauersportarten von 1-2 Stunden empfohlen, alle 20 Minuten etwa 150ml Flüssigkeit zu sich zu nehmen. Bei körperlichen Belastungen von unter einer Stunde ist eine Flüssigkeitszufuhr während der Belastung nicht zwingend notwendig. Grundsätzlich wird je nach Belastung empfohlen, nach dem Sport die anderthalbfache Menge des Schweißverlustes an Flüssigkeit aufzunehmen. Dies ist auch notwendig, wenn kein Durstgefühl vorliegt, da das individuelle Durstgefühl kein ausreichender Marker für die benötigte Wasserzufuhr im Sport ist (RASCHKA & RUF 2012). Eine einfache Methode zur Feststellung des Hydratationsstatus ist die Messung des Körpergewichts vor und nach der Belastung, da die Differenz ein Flüssigkeitsdefizit relativ gut anzeigen kann (KIEFER & EKMEKCIOGLU 2014). Generell ist es wichtig, auf eine ausreichende Flüssigkeitszufuhr im Sport zu achten, da bei einem Defizit die Muskelzellen nicht mehr ausreichend mit Sauerstoff und Nährstoffen versorgt werden und es so zu Leistungseinbußen kommen kann (RASCHKA & RUF). KIEFER & EKMEKCIOGLU (2014) erklären, dass es bereits bei einem Wassermangel von 1 bis 3% der Körpermasse zu einer verminderten körperlichen Leistungsfähigkeit kommt. Eine Dehydratation von über 3% kann darüber hinaus Folgen wie Kopfschmerzen, hohe Herzfrequenz, sowie Müdigkeit mit sich bringen (KIEFER & EKMEKCIOGLU 2014). Geeignete Getränke für Belastungen bis zu einer Stunde sind kohlensäurearme, natriumreiche Mineralwässer. Für mehrstündige Belastungen sind Saftschorlen aus drei Teilen Wasser und einem Teil Saft empfehlenswert, und für hochintensive Belastungen über mehrere Stunden sind isotone Getränke mit Maltodextrin oder Saftschorlen mit zwei Teilen natriumreichem Mineralwasser (über 600mg Natrium pro Liter) und einem Teil Saft sinnvoll. Apfel-, Trauben- und Johannisbeersaft sind besonders geeignete Säfte, da sie weniger Fruchtsäureanteil als andere Säfte, wie Orangensaft, besitzen und so Reizungen des Magens vermieden werden können. Von puren Säften, Energy Drinks oder Soft Drinks wird generell abgeraten, da sie hyperton sind, was bedeutet, dass sie im Vergleich zum menschlichen Blut höher konzentriert sind. Der Nachteil dieser Getränke ist, dass sie länger im Magen verbleiben und ihre Aufnahme im Darm länger dauert. Außerdem sind sie aufgrund ihres erhöhten Zuckergehalts aus gesundheitlicher Sicht abzulehnen (RASCHKA & RUF 2012).

6.3 Koffeinhaltige Getränke

Getränk/ Lebensmittel	Portion	Koffeingehalt pro Portion
Instant-Kaffee	1 Tasse (150 ml)	80–100 mg
gebrühter Kaffee	1 Tasse (150 ml)	100–120 mg
schwarzer Tee	1 Tasse (150 ml)	15–30 mg
Coca Cola	250 ml (Dose)	40 mg (160 mg/l)
Energy Drinks	250 ml (Dose)	bis zu 80 mg, variabel! (z. B. Red Bull 320 mg/l)
Schokolade	20 g	bis zu 20 mg

Abbildung 10: Koffeingehalt in Getränken/ Lebensmitteln (RASCHKA & RUF 2012).

Auch Koffein wurde als zu den leistungssteigernden Substanzen gehörend nachgewiesen. Es ist „die am meisten konsumierte psychomotorisch stimulierende Substanz auf der Welt" (KIEFER & EKMEKCIOGLU 2014). Das meiste Koffein wird in Form von Getränken aufgenommen. Abbildung 10 gibt einen Überblick über den Koffeingehalt von Getränken und Lebensmitteln (RASCHKA & RUF 2012). Schon nach kurzer Zeit, etwa 30 bis 60 Minuten, wirkt Koffein auf psychologischer sowie physiologischer Ebene. Es hat sich gezeigt, dass es zu einer Stimulation des zentralen Nervensystems sowie des Herz-Kreislauf-Systems kommt, was eine positive Wirkung auf die psychomotorische Leistungsfähigkeit zur Folge hat. Es kommt zu einer Verbesserung der Konzentration, der Koordination, der Reaktion sowie einer verzögerten Wahrnehmung der subjektiven Müdigkeit (RASCHKA & RUF 2012). Auch die schmerzhemmende Wirkung ist laut KIEFER & EKMEKCIOGLU (2014) erwähnenswert, da Schmerzen die Aktivierung von motorischen Einheiten reduzieren und so die Leistung beeinträchtigen können. Eine weitere mögliche leistungssteigernde Wirkung kann für Ausdauersportler vorteilhaft sein, da Adrenalin und Koffein die Fettverbrennung ankurbeln, sodass wertvolle Kohlenhydrate eingespart werden können, beziehungsweise es zu einem glykogensparenden Effekt kommt (RASCHKA & RUF 2012). Jedoch ist laut RASCHKA & RUF (2012) bei Untrainierten „kein Glykogenspareffekt zu erwarten, da ihre Muskeln nicht in der Lage sind, die vermehrt freigesetzten Fettsäuren zu nutzen". Die Unterschiede sind einem Gewöhnungseffekt auf Koffein zuzuschreiben. Bei kurzen, intensiven Belastungen von circa fünf Minuten kann durch Koffein, wegen der verzögert eintretenden Ermüdung, ebenfalls eine Leistungssteigerung hervorgerufen werden. Hingegen konnte bei Sprints, welche maximal 90 Sekunden andauern, keine Wirkung festgestellt werden. Generell empfiehlt das American College of Sports Medicine als optimale Dosierung eine Stunde vor dem Sport 3 bis 6mg Koffein pro kg Körpergewicht, was etwa 2-4 Tassen Kaffee entspricht. Eine Überschreitung der Menge wird nicht empfohlen, da es sonst beispielsweise zu Magen-Darm-Problemen, Muskelzittern oder Herzrasen kommen kann. Der Koffeingehalt von schwarzem Tee, Coca Cola, Energy Drinks sowie Schokolade sollte hier ebenfalls berücksichtigt werden (RASCHKA & RUF 2012). Allgemein ist eine Leistungssteigerung vermehrt bei konditionierten Sportlern zu sehen, während die Literatur hinsichtlich der leistungssteigernden Wirkung im Kraftsport widersprüchlich ist (KIEFER & EKMEKCIOGLU 2014).

6.4 Erogen wirksame Kräuter

Laut SELLAMI et al. (2018) ist auch die Verwendung ausgewählter Kräuter im Sport im Laufe des letzten Jahrzehntes deutlich angestiegen. Zu Kräutern oder Kräuterprodukten zählen Extrakte von Samen, Wurzeln, Blättern, Beeren, Blüten oder Rinde. Kräuter und Gewürzpflanzen werden sowohl von Profiathleten als auch Hobbysportlern verwendet, um die Ausdauer- sowie Kraftleistung zu verbessern. Pflanzen und ihre Inhaltsstoffe liefern verschiedene lebenswichtige Metabolite wie Kohlenhydrate, Lipide, und Nukleinsäuren sowie sekundäre Pflanzenstoffe. Zu den sekundären Pflanzenstoffen gehören zum Beispiel Terpene, Carotinoide, Alkaloide oder Polyphenole. Sie werden aufgrund ihrer gesundheitlichen Wirkungen gerne verwendet. Sie wirken beispielsweise entzündungshemmend, antibakteriell, antiviral, antimikrobiell, antikanzerogen und gefäßerweiternd aufgrund ihrer antioxidativen beziehungsweise ihrer Redox-Eigenschaften. In mehreren Studien konnte nachgewiesen werden, dass sie ähnlich wie Vitamine oxidativen Stress, der unter anderem durch Sport induziert wird, reduzieren. Durch eine Verminderung von oxidativem Stress können Muskelregeneration und Aufrechterhaltung der Energie während intensiver Belastungen verbessert werden (SELLAMI et al. 2018). Allgemein gibt es unterschiedliche Studienergebnisse hinsichtlich der Wirkung von Kräutern auf die körperliche Leistung und Gesundheit, was laut SELLAMI et al. (2018) auf Faktoren wie Pflanzenart, geographische Lage sowie der Extraktionsform zurückzuführen ist. Trotz ihrer gesundheitlichen Effekte sollen auch die möglichen Nebenwirkungen von übermäßigem Kräuterkonsum beachtet werden (SELLAMI et al. 2018). In dieser Arbeit werden die bedeutendsten erogen wirksamen Kräuter und ihre Nebenwirkungen näher erläutert.

6.4.1 Ginseng

Ginseng zählt zu den bekanntesten und bestuntersuchten Pflanzen, welche die sportliche Leistungsfähigkeit verbessern können. Ginseng gehört zur Familie der Araliengewächse, wobei es verschiedene Ginsengarten, wie den Koreanischen oder Asiatischen Ginseng, gibt. Die Namen deuten bereits darauf hin, dass die Pflanze besonders im asiatischen Raum Verwendung findet. Sie ist besonders aufgrund ihrer entzündungshemmenden und antioxidativen Eigenschaften beliebt. Die Spezies enthält zahlreiche wichtige Komponenten wie die Vitamine A, B, C, und E, die Mineralstoffe Eisen und Magnesium, Ballaststoffe, Proteine sowie Saponine (Glycoside). Einige Studien konnten zeigen, dass Ginseng die aerobe Kapazität, die Herz- und Atemfunktion, die Muskelkraft sowie insgesamt die körperliche

Leistungsfähigkeit verbessert (SELLAMI et al. 2018). Auch HARTY et al. (2019) berichten über die entzündungshemmenden Eigenschaften von Ginseng und seine bedeutende Rolle für die Verminderung von Muskelschäden. Jedoch sollten auch die Nebenwirkungen dieser Pflanze nicht unterschätzt werden. SELLAMI et al. (2018) berichten beispielsweise von Durchfall, Kopfschmerzen, Schlafstörungen, Herzklopfen und Blutdruckschwankungen bei übermäßigem Konsum. Außerdem soll Ginseng auch die Wirkung von Medikamenten wie Insulin, Digoxin oder Gerinnungshemmern beeinträchtigen. Generell ist es empfehlenswert, weitere Studienergebnisse abzuwarten, um negative körperliche Folgen zu vermeiden (SELLAMI et al. 2018).

6.4.2 Kaffeestrauch (Coffea Arabica), Guarana, Grüner Tee, Kolabaum, Mate-Strauch

Die Wirkung von Koffein wurde bereits im vorigen Abschnitt näher erläutert und spielt auch bei diesen Pflanzen eine bedeutende Rolle. SELLAMI et al. (2018) berichten, dass Koffein dazu beiträgt, die Ausdauerkapazität sowie Muskelkraft zu verbessern. Auch die Samen des Kaffeestrauchs scheinen der Wirkung von Koffein aus der Kaffeebohne zu ähneln.

Guarana ist eine Pflanze, die nahe des Amazonas wächst und reich an Alkaloiden wie Koffein, Theophyllin, Theobromin, Tannin, und Saponin ist. Guarana enthält im Vergleich zu Coffea Arabica mit 2% Koffein sogar zwischen 3,6 und 5,8% Koffein.

Grüner Tee enthält ebenfalls Koffein, Polyphenole, Theobromine und Theophylline, denen antioxidative Eigenschaften sowie die Verbesserung der Ausdauer nachgesagt wird. Eine Supplementation von Grünem-Tee-Extrakt mit Koffein soll verstärkte Effekte hervorrufen, wobei Studien über eine Langzeitwirkung fehlen (SELLAMI et al. 2018). Grüner Tee soll außerdem wirksam sein, um trainingsbedingte Muskelschäden zu reduzieren (HARTY et al. 2019).

Die Alkaloide Theobromin und Theophyllin werden von vielen Pflanzen wie den oben genannten, sowie auch dem Kolabaum oder Kakaobaum gewonnen und sind somit auch im Kakao oder in Schokolade enthalten. Im Sport haben auch sie eine ähnliche Wirkung auf die körperliche Leistung wie Koffein, wobei hier nur wenige Studien zur Einzelwirkung von Theobromin und Theophyllin auf die körperliche Leistung vorliegen.

Der Mate-Strauch wird in verschiedenen Ländern Südamerikas kultiviert. Der Tee aus den Teeblättern dieses Strauchs enthält etwa 2% Koffein. Trotz der positiven Effekte auf den Energieverbrauch im Sport wurden auch einige Nebenwirkungen, wie eine höhere Herzfrequenz, Blutdruck sowie Verwirrtheitszustände nachgewiesen (SELLAMI et al. 2018).

6.4.3 Ephedrin

Ephedrin ist ein Alkaloid und gehört zur Gattung der Meerträubelgewächse. Zahlreiche Studien konnten einen Zusammenhang zwischen der Aufnahme von Ephedrin und einer gesteigerten körperlichen Leistung sowie Gewichtsverlust feststellen. Darüber hinaus verbessert Ephedrin die aerobe Kapazität sowie die Reaktionsfähigkeit und verzögert körperliche Ermüdung. Allerdings wurde die Substanz in den meisten Studien mit zusätzlicher Gabe von Koffein getestet, weshalb nur wenige Ergebnisse über die Einzelwirkung von Ephedrin vorliegen. Zu den Nebenwirkungen zählen Schlafstörungen, Angstzustände, Kopfschmerzen, Halluzinationen, erhöhter Blutdruck und erhöhte Herzfrequenz sowie Appetitlosigkeit (SELLAMI et al. 2018).

6.4.4 Rosenwurz (Rhodiola Rosea)

Rhodiola Rosea wird vor allem in der traditionellen Medizin in Europa und Asien verwendet und wächst in Skandinavien, Zentralasien, in den Pyrenäen und in den Alpen. Sie wirkt vor allem gegen schnelle Muskelermüdung und erhöht so die sportliche Leistungsfähigkeit (SELLAMI et al. 2018). Außerdem kann Rosenwurz laut HARTY et al. (2019) und SELLAMI et al. (2018) durch die antioxidativen Eigenschaften Muskelschäden reduzieren. Allerdings sind auch hier die Ergebnisse unterschiedlich und weitere Studien notwendig, um eindeutige Schlüsse ziehen zu können.

6.4.5 Gingko biloba

Gingko biloba ist eine der bekanntesten Pflanzen im asiatischen Raum. Die aktiven Substanzen dieser Pflanze sind die enthaltenen Flavonoide sowie Terpenoide. Es soll die Blutzirkulation im Muskelgewebe fördern und die sportliche Leistungsfähigkeit verbessern. Dies konnte insbesondere bei jungen, gesunden Athleten hinsichtlich ihrer Ausdauerfähigkeit beobachtet werden, da sie hier eine höhere maximale Sauerstoffkapazität erzielten. Auch in diesem Fall sollten die Dosen limitiert werden, um negative gesundheitliche Effekte auszuschließen (SELLAMI et al. 2018).

6.4.6 Cayenne

Cayenne ist ein vielverwendetes Gewürz. Es stammt aus Amerika und gehört zur Familie der Nachtschattengewächse (Solanaceaen). Die aktive Substanz in Cayenne ist Capsaicin, der Stoff, der für die Schärfe verantwortlich ist. Capsaicin hat eine schmerzstillende Wirkung, da es die sensorische Nervenübertragung in der Haut beeinflusst. Es wird seit Langem zur Linderung von Muskelkrämpfen und Muskelentzündungen eingesetzt. Eine Supplementation mit Capsaicin hat eine Verbesserung der Leistung im Krafttraining gezeigt, vor allem beim Gewichtheben. Außerdem soll Capsaicin eine ähnlich anregende Wirkung wie Koffein haben. Der Vorteil ist, dass Cayenne im Vergleich zu anderen Pflanzen wenig bis keine Nebenwirkungen hat und somit als sicher eingestuft werden kann (SELLAMI et al. 2018).

6.4.7 Arnika

Arnika ist eine ausdauernde Pflanze aus der Familie der Korbblütler (Asteraceaen), die in Europa, Amerika und im Süden Russlands beheimatet ist. Die aktiven Substanzen der Arnika sind die Flavonoide, Thymol, Arnicin, Cumarin und Carotinoide. Bei Patienten mit Knochenarthritis im Knie konnte durch die Anwendung von Arnika eine Verbesserung der Muskelkraft sowie Schmerzlinderung festgestellt werden. Auch bei Marathonläufern konnten einige Studien infolge der Anwendung von Arnika verminderte Muskelschmerzen sowie geringere Muskelschädigungen nach dem Lauf zeigen. Es sind jedoch noch weitere Untersuchungen notwendig. Auch die Nebenwirkungen sind zu erwähnen. Zum Beispiel können hohe Dosen von Arnika bei äußerlicher Anwendung zu Hautirritationen führen und bei oraler Einnahme zu Vergiftungen (SELLAMI et al. 2018).

Allgemein kann man sagen, dass viele Athleten pflanzliche Alternativen suchen, um die gesundheitlichen Risiken von synthetischen erogenen Substanzen zu vermeiden. Die meisten Kräuter haben moderate positive Effekte auf die sportliche Leistungsfähigkeit, vor allem durch die Verminderung von oxidativem Stress. Trotzdem sollten auch bei diesen natürlichen Alternativen die Nebenwirkungen nicht außer Acht gelassen werden (SELLAMI et al. 2018).

Abbildung 11 gibt einen detaillierten Überblick über verschiedene untersuchte Kräuter und deren Wirkung auf Leistung und Gesundheit.

Plants	Physical performance	Overall health
Ginseng	↑Aerobic capacity ↑Cardio respiratory function ↓Lactate ↑Physical performance ↓Endurance running time Ø Cycling endurance performance ↑ Muscle strength	Anti-inflammatory, antioxidant ↑brain function immunostimulant ↑virility Treat digestive disorders ↓ mental stress ↑immune function Stabilizes blood pressure
Caffeine *Coffea Arabica* *Guarana* *Green Tea* *Theobromine* *Mate*	↑endurance running performance ↑muscle strength, ↑serum catecholamine levels ↑ immune responses in runner and cyclist ↑ blood catecholamine ↑anaerobic performances ↑endurance running performance ↑ endurance capacity	↓ The risk of degenerative brain diseases caused by aging (cognitive decline, dementia) ↓ the risk of parkinson's disease ↑central nervous system (i.e., increase of mental vigilance, fatigue resistance) ↑ body composition ↑treat headaches, paralysis, urinary tract irritation, and diarrhea ↑blood pressure, anxiety, headaches, and cardiac stimulation ↑ the antioxidant defense system, and muscle lipid oxidation in healthy or diabetic individuals
Ephedrine	↑ aerobic capacity ↓fatigue ↑ alertness and reaction time	↑treat low blood pressure, urinary incontinence, narcolepsy and depression ↑for treatment of bronchial asthma, nasal inflammation, and the common cold
Ginger	↑fatigue resistance in athletes. Ø body composition, Ø oxygen consumption Ø muscle strength in athletes ↓inflammation biomarkers (creatine kinase (CK), alanine aminotransferase (ALT), and aspartate aminotransferase (AST)	anti-inflammatory Ø metabolic rate
Tribulus Terrestris	↑ testosterone production in healthy male ↑ production of luteinizing hormone (LH) ↑ Muscle growth. ↓inflammation ↓ oxidative damage in muscle, ↑cardiovascular and HSDD Ø body composition Ø maximal strength Ø muscular endurance in resistance-trained males during training	↓hypertension, and ↓hypercholesterolemia ↑ libido ↑ prostate, ↑ urinary system ↑ cardiovascular system
Rhodiola Rosea	↑ muscle fatigue resistance ↑ performance ↑ time to exhaustion by 3% on a cycle ergometer, Ø maximal strength reduce lactate levels Ø muscle damage parameters after cardio-pulmonary exhaus- tion test in trained male athletes Ø oxygen consumption, cycling time or muscle strength Ø oxygen uptake and muscle performance	↑digestive system, ↑cardiovascular system ↑sexual function and ↑libido. ↓stress and anxiety syndrome, ↑nervous system ↑norepinephrine, serotonin, dopamine and acetylcholine. ↑attention, memory, concentration and intellectual capacity, Ø immune system response of marathon athletes
Cordyceps Sinensis	↑aerobic capacity ↑muscle fatigue resistance ↑lactic acid production, heart rate variability and blood pressure during maximal graded test in sedentary subjects ↑cardiovascular responses in health runners Ø on steroids hormones in resistance-trained young male adults Ø on aerobic capacity or endurance exercise performance in endurance-trained male cyclists.	↑ treatment of cholesterol ↑ Immune system ↑ stimulation sexual ↓stress ↑ renal function in patients with chronic allograft nephropathy ↑regulate blood pressure by stimulating vessel dilation ↑ the nitric oxide production, ↑oxygen exchanges through capillary barrier
Ginkgo biloba	↑muscle tissue blood improved microcirculation enhances exercise performance Ø on improvement of walking economy in patients with PAD. ↑the endurance performance lending to greater VO_{2max} and time to exhaustion in health young.	↑circulation of blood and in particular cerebral blood circulation ↓Alzheimer's disease, ↑memory ↓migraines and headaches. Parkinson's disease ↑cognitive performance especially in elderly with dementia syndrome
Cayenne	↑ resistance training performance	↑ treat diarrhea, cramps, and muscle inflammation ↑ stimulation of sympathetic nervous and greater lipid oxidation in long distance male runners

Plants	Physical performance	Overall health
Arnica	↓muscle soreness and cell damage after distance running in marathon runners ↑muscle strength in patient with osteoarthritis of the knee ↓pain	↓cardiovascular risk ↑treat inflammatory, infectious diseases ↑ immune system
Astragalus	↑ aerobic performance in runner	↑immune system ↑treatment for inflammation in cancer disease
Salix alba	↑to treat musculoskeletal and joint-related conditions (injuries, inflammation)	↑treat pain, inflammation, osteoarthritis, aches ↓fevers ↓joint pain in patients with osteoarthritis ↓ back pain in patient with low back pain
Saffron	↓levels of Lactate dehydrogenase (LDH), tumor necrosis factor alpha (TNF-α), and creatine kinase (CK) in sedentary women following one bout of acute resistance exercises ↑superoxide dismutase (SOD), catalase (CAT) activity in seminal plasma and sperm DNA damage in young healthy nonprofessional cyclists	Antihypertensive, anticonvulsant, antitussive, antigenototoxic and cytotoxic effects, anxiolytic aphrodisiac, antioxidant, antidepressant, antinociceptive, anti-inflammatory, and relaxant activity. ↑memory and learning skills ↑ blood flow in choroid and retina
Fenugreek	↑endurance capacity and fatty acids	↑free testosterone levels ↓serum creatinine Ø in kidney profile (enzymes)
Myrtus Communis	↑ anaerobic performances, serum proteins and Iron ↓triglycerides	antiseptic, astringent, carminative, hair tonic, analgesic, cardiotonic, diuretic, anti-inflammatory, stomachic, nephroprotective, antidote, brain tonic and antidiabetic

↑improve, ↓reduce, Ø no effect

Abbildung 11: Überblick der untersuchten Kräuter hinsichtlich ihrer Wirkung auf Leistung und Gesundheit (SELLAMI et al. 2018).

6.5 Nahrungsergänzungsmittel

Der Begriff „Nahrungsergänzungsmittel" oder „Supplementierung" ist mittlerweile wohl jedermann bekannt. Darunter versteht man die Zufuhr von Nährstoffen über den eigenen Bedarf hinaus (RASCHKA & RUF 2012). Sie sind nicht nur im Profisport gängig, sondern auch im Freizeit- und Breitensport (MAUGHAN et al. 2018). Tatsache ist, dass die Leistungsdichte im Sport immer mehr zunimmt, was mitunter ein Grund für den immer häufiger werdenden Einsatz von Supplementen ist (SCHEK 2014). Als wesentliche Gründe für die Einnahme werden folgende aufgezählt:

- Leistungssteigerung
- Unterstützung der Regeneration
- Gesunderhaltung
- Verhinderung/ Behandlung von Krankheit
- Kompensation einer unausgewogenen Ernährung (SCHEK 2014).

Es gibt vielseitige Gründe, warum Menschen zu Nahrungsergänzungsmitteln greifen. Im Sport ist es oftmals der Wunsch, seine Leistung zu steigern. Allerdings durchdenken viele Sportler ihre Entscheidungen nicht gründlich genug und wissen beziehungsweise informieren sich zu wenig über die tatsächlichen positiven und negativen Wirkungen von Supplementen. Viele nehmen an, dass alle Produkte am Markt effektiv und sicher sind und lassen sich durch verschiedene

Marketingstrategien zum Kauf verleiten. Oftmals halten die Produkte aber nicht, was sie versprechen.

Generell sind die Ergebnisse verschiedener Studien über die Wirkung von Supplementen sehr kontrovers, was mehrere Gründe haben kann. Dazu gehören beispielsweise der jeweilige Trainingsstatus der Probanden, die Trainingsintensität, die Trainingsdauer oder Unterschiede in der Protokollierung der Supplementeinnahme. Daten der US National Health and Nutrition Examination Survey haben außerdem gezeigt, dass der Großteil der Menschen, die zu Nahrungsergänzungsmitteln greifen, diejenigen sind, die ausreichend mit Nährstoffen versorgt sind. Man hat herausgefunden, dass gerade Menschen, die zu einer ausgewogenen und bewussten Ernährung neigen, trotzdem noch zusätzlich supplementieren (MAUGHAN et al. 2018).

6.5.1 Proteinpräparate

Einer der Makronährstoffe, welcher besonders von Kraftsportlern eingenommen wird, ist Protein. Es wird oft propagiert, dass eine isolierte Aufnahme von Protein oder Aminosäuren den Muskelaufbau besonders effektiv steigern sollen. Allerdings bringt die isolierte Aufnahme von Eiweiß in hochgereinigten Supplementen auch Nachteile im Vergleich zu natürlichem Eiweiß in Lebensmitteln mit sich. Erstens wird isoliertes Eiweiß schneller aus dem Verdauungstrakt ins Blut aufgenommen, was einen starken Anstieg der Aminosäurekonzentration im Blut bedeutet. Dies führt dazu, dass sie schneller vom Körper verbrannt werden, also zur Energiegewinnung genutzt werden. Dadurch wird der Muskelaufbau aus reinem Proteinpulver vergleichsweise wenig gefördert wird. Zweitens kommt es bei der Aufnahme von reinem Protein zu einem ungünstigen Hormonbild für den Proteinaufbau, was bei der Aufnahme einer gemischten Mahlzeit nicht der Fall ist, da es dort wegen des Kohlenhydratanteils zu einer Insulinausschüttung kommt, die anabol wirkt. Wenn trotzdem zu Proteinpulver gegriffen wird, ist eine Kombination mit einem kohlenhydratreichen Snack, wie zum Beispiel einer Banane, sinnvoll (RASCHKA & RUF 2012). Deshalb sind allgemein Proteinriegel sinnvoller als reines Proteinpulver, da diese Kohlenhydrate enthalten. Generell gilt: „Über das Protein in der Nahrung decken auch Hochleistungsathleten ihren Proteinbedarf normalerweise problemlos und können auf Proteinpräparate verzichten" (RASCHKA & RUF 2012). Außerdem sollte man bedenken, dass es durch das große Angebot an Proteinsupplementen mangelnde Kontrollmechanismen der Qualitätssicherung gibt, sodass es zu Wirkstoffschwankungen kommen kann oder unter Umständen auch dopingähnliche Substanzen enthalten sein können (RASCHKA & RUF 2012). Zum gleichen Schluss sind auch MAUGHAN et al. (2018) gekommen, die über Studien berichten, in welchen ebenfalls schädliche Stoffe wie Schwermetalle in Proteinsupplementen nachgewiesen wurden. Es ist daher empfehlenswert, die Produkthersteller genau unter die Lupe zu nehmen.

6.5.2 Kohlenhydratreiche Energiespender

Da sportliche Leistung primär Kohlenhydrate als Energiequelle erfordert, ist es oft gewünscht, diese auf schnellem Wege zuzuführen. Hier wird oft zu einem Energieriegel gegriffen. Der europäische Wissenschaftsrat rät, zu kohlenhydratreichen Energiespendern zu greifen, die mindestens 75% ihrer Energie aus Kohlenhydraten bereitstellen. Dabei sollten verschiedene Kohlenhydrate, Mono- und Polysaccharide, kombiniert werden, wobei der Großteil aus Polysacchariden bestehen sollte. So kann man dem Organismus unterschiedliche Zugriffszeiten auf die Kohlenhydrate gewähren. Außerdem sollte der Fettgehalt so niedrig wie möglich sein und der Proteinanteil etwa 5% bis maximal 15% betragen. Eine Alternative für Energieriegel bieten Energy Gels, welche ähnlich wie Traubenzuckerdrops als schneller Energieschub konzipiert sind (RASCHKA & RUF 2012). Sie bestehen zu fast 100% aus Kohlenhydraten, nämlich Maltodextrin, Wasser und Glukosesirup oder Fruktose, sowie oft kleinen Mengen an Aminosäuren, Elektrolyten und Vitaminen. Nachteile sind „die kürzere Energieversorgung im Vergleich zu Riegel, die geringe Nährstoffdichte und der relativ hohe Preis" (RASCHKA & RUF 2012).

Abbildung 12 gibt einen Überblick über diverse kohlenhydratreiche Energiespender:

Produkt	pro Portion/ Stück	Fett	KH-Menge*, Ziel: 60 g/h	KH-Art	1. Energiebereitstellung 2. Vorhaltezeit
Traubenzuckerdrop	2 Täfelchen (11,5 g)	< 1 g	22,5 g (davon 20 g Zucker)	Glukose (Dextrose), Maltodextrin	1. Schnell 2. Kurz
isotonisches Sportgetränk	250 ml	–	45–60 g	Maltodextrin, Zucker (Saccharose)	1. Schnell 2. Kurz
Energy Gel (Kohlenhydrat-Gel)	41 g (1 Tüte)	–	26 g	Maltodextrin, Fruktose, Glukose (Dextrose)	1. Schnell 2. Kurz
Banane	1 Stück (100 g)	0,2 g	20 g	Glukose, Fruktose, Stärke, Ballaststoffe	1. Schnell 2. Länger als Gels, Traubenzuckerdrop etc.
kohlenhydratreicher Energieriegel	55 g-Riegel	6–10 g	60 g (davon 30–40 g Zucker)	Stärke, Glukose (-sirup), z. T. Ballaststoffe	1. Etwas langsamer als Gels, aber zügig 2. Lange (kürzer bei hohem Glukose-Anteil u. feinem Riegel)
Frischkäse-Sandwich (2 Scheiben Roggenbrot + 40 g Frischkäse)	1 Sandwich	6,3 g	35 g	vorwiegend Stärke, Ballaststoffe	1. Langsam 2. Sehr lange

KH: Kohlenhydrate

Abbildung 12: Vergleich verschiedener kohlenhydratreicher Energiespender (RASCHKA & RUF 2012).

6.5.3 Vitamin- und Mineralstoffpräparate

Hinsichtlich des Vitamin- und Mineralstoffbedarfs beschreiben RASCHKA & RUF (2012), dass eine Supplementierung für folgende Personen vorteilhaft ist, um eine Verminderung der sportlichen Leistungsfähigkeit zu verhindern: „vegetarisch lebende Athleten, Sportler mit wenig Zeit zur Aufnahme großer Nahrungsvolumina, Sportler unter einer länger andauernden Reduktionsdiät, Athleten aus gewichtsklassenbezogenen Sportarten und -disziplinen, Sportler auf häufigen Reisen, Sportler mit starker Schweißneigung". Ähnlich fasst SCHEK (2014) drei Gruppen von Sportlern zusammen, die für eine Mikronährstoffunterversorgung gefährdet sind: „Athleten mit Zeit-Mengen-Problem, Sportler, die sich längerfristig unterkalorisch ernähren oder an Lebensmittelunverträglichkeiten leiden sowie Veganer".

Herrschen jedoch keine Situationen vor, bei denen es zu einem Mangel an Vitaminen oder Mineralstoffen kommen könnte, ist laut RASCHKA & RUF (2012) nicht nachgewiesen, dass eine Supplementierung leistungssteigernd ist.

Allgemein gibt es das Problem, dass Nahrungsergänzungsmittel eingenommen werden, obwohl noch zu wenige, fundierte Studienergebnisse vorliegen, die eine leistungssteigernde Wirkung ohne gesundheitliche Risiken bestätigen. Für den

Großteil mittlerweile auch im Internet erhältlichen Supplemente gibt es nur wenig bis keine wissenschaftliche Evidenz im Hinblick auf ihre leistungssteigernde Wirkung. Lediglich für Koffein, Kreatin, Natriumkarbonat/-citrat liegen wissenschaftlich basierte Ergebnisse vor, die eine leistungsfördernde Wirkung nachweisen. Auch bei HMB (3-Hydroxy-3-methylbuttersäure) konnte in einigen Studien ein positiver Effekt auf die Leistung nachgewiesen werden (SCHEK 2014). Auf die Wirkung von Koffein wurde bereits in einem der oberen Abschnitte näher eingegangen, die restlichen genannten Nahrungsergänzungsmittel werden im Anschluss erläutert.

6.5.4 Kreatin

KIEFER & EKMEKCIOGLU (2014) erklären, „Kreatin (in Form von Kreatin-Monohydrat) ist hinsichtlich der Steigerung der Kapazität bei hochintensiven sportlichen Tätigkeiten und der Magermasse während eines Trainings(progamms) derzeit das effektivste erogen wirksame Nahrungsergänzungsmittel, das für Sportler zur Verfügung steht. Bei Kreatin handelt es sich um eine „körpereigene Substanz, die aus den Aminosäuren Glycin, Methionin, Arginin synthetisiert wird und hauptsächlich im Skelettmuskel vorkommt" (KIEFER & EKMEKCIOGLU 2014). Die Neubildung findet in der Leber und die Speicherung fast ausschließlich in der Skelettmuskulatur statt. Darüber hinaus kommt Kreatin auch in tierischen Lebensmitteln vor wie Fleisch oder Fisch. Im Gegensatz dazu enthalten Milchprodukte und pflanzliche Nahrungsmittel nur sehr geringe Mengen. Überschuss an Kreatin wird über den Urin als Kreatinin ausgeschieden und dient als Indikator für die Muskelmasse (RASCHKA & RUF 2012). Kreatin ist bedeutend für die Bereitstellung von ATP. Grundsätzlich bezieht der Muskel ATP größtenteils über die aerobe Verbrennung von Fetten und Kohlenhydraten, wobei bei intensiven Belastungen ATP zunehmend anaerob über den Abbau von Glukose und Milchsäure erzeugt wird. Zusätzlich kann ATP noch über Kreatinphosphat bereitgestellt werden (KIEFER & EKMEKCIOGLU 2014). Vorteil ist zwar, dass das ATP-Kreatinphosphat-System Energie sehr rasch bereitstellen kann, jedoch ist dies nur für ein paar Sekunden möglich (RASCHKA & RUF 2012). Darüber hinaus fanden HARTY et al. (2018) heraus, dass Kreatin auch eine Rolle in der Muskelregeneration spielen kann. In einigen Studien konnte nachgewiesen werden, dass Kreatin antioxidative Eigenschaften besitzt, entzündungshemmend wirkt und so Muskelschmerzen reduzieren kann beziehungsweise die Muskelregeneration beschleunigen soll. Diese Ergebnisse zeigten sich jedoch nur bei relativ hohen Kreatindosen (HARTY et al. 2018).

Grundsätzlich kann man sagen, dass Kreatin in ausreichendem Maße vom Körper selbst gebildet wird beziehungsweise über die Nahrung aufgenommen werden kann. Daher ist eine Kreatin-Ergänzung nur für Menschen sinnvoll, die intensives körperliches Training absolvieren (KIEFER & EKMEKCIOGLU 2014). Hierbei wird laut RASCHKA & RUF zwischen Responder- und Nonresponder-Typen unterschieden, was bedeutet, dass eine Substituierung mit Kreatin nicht automatisch eine Leistungssteigerung bedeutet. Weiters müssen Einflussfaktoren wie „das Geschlecht, die Ernährungssituation (Vegetarier), die Zusammensetzung von Muskelfasern sowie die Kreatinkonzentration im Muskel vor der Supplementierung" berücksichtigt werden (RASCHKA & RUF 2012). Studien zufolge zeigt Kreatin die größte Wirkung bei kurzzeitigen, intensiven Belastungen (Kraft- und Schnellkraftleistungen) von bis zu einer halben Minute, insbesondere bei wiederholenden Einheiten. Durch die Verbesserung der ATP-Regeneration im Muskel kann die maximale Kraftleistung länger aufrechterhalten beziehungsweise die Ermüdung verzögert werden (RASCHKA & RUF 2012). Laut HARTE et al. (2018) konnten jedoch vermehrt Verbesserungen der Muskelregeneration in Ausdauersportarten und auch in kurzen intensiven Sprints festgestellt werden. Die kontroversen Ergebnisse zeigen, dass definitiv noch mehr Studien notwendig sind, um eindeutige Schlüsse ziehen zu können (HARTY et al. 2018).

6.5.5 Natriumkarbonat

Natriumkarbonat als leistungssteigernde Substanz ist besonders unter Anhängern der Übersäuerungstheorie bekannt. Man hat herausgefunden, dass sowohl eine Azidose (Übersäuerung) als auch eine Alkalose (vermehrt basisch) mit Störungen verschiedenster Systeme im Körper einhergeht, wie zum Beispiel Aktivitäten von Enzymen, der Öffnung von Transportkanälen an der Zellmembran oder auch der Erregung der Muskulatur. Darüber hinaus halten diverse Puffersysteme im Körper den pH-Wert im Blut zwischen 7,36 und 7,44 (KIEFER & EKMEKCIOGLU 2014). Bicarbonat oder Hydrogencarbonat ist das Salz der Kohlensäure und gehört zu diesen Puffersubstanzen. Es kommt in der Lebensmittel- und Pharmaindustrie oft in Verbindung mit Natrium, als Natriumkarbonat, vor. Eine zusätzliche Einnahme von Natriumkarbonat kann die körpereigenen Vorräte an diesem Puffer erweitern, wodurch einem sauren Milieu entgegengewirkt und ein alkalisches gefördert werden kann (RASCHKA & RUF 2012). KIEFER & EKMEKCIOGLU (2014) erklären folgendes: „Nachdem im Muskel, insbesondere während intensiver Belastungen, leistungsbegrenzende Milchsäure entsteht, könnte die Gabe dieser Base günstige Wirkungen auf die körperliche Leistungsfähigkeit haben". Durch die Aufnahme von zusätzlichen Basen wird ein leistungsbegrenzender pH-Abfall während intensiver sportlicher Betätigung vermindert oder sogar verhindert. Allerdings ist zu erwähnen, dass der leistungssteigernde Effekt dieser Substanz vergleichsweise gering ist und nur etwa 1-1,5% beträgt (KIEFER & EKMEKCIOGLU 2014). RASCHKA & RUF (2012) erklären folgendes: „Je stärker es belastungsbedingt zu einer Laktatanhäufung und damit zu Azidität (Übersäuerung) kommt, desto mehr kann mit einer leistungssteigernden Wirkung durch Bicarbonat gerechnet werden". Außerdem ist eine hohe Dosis von Natriumkarbonat notwendig, um Effekte verzeichnen zu können, was jedoch mitunter zu Magen-Darm-Beschwerden führen kann (KIEFER & EKMEKCIOGLU 2014).

6.5.6 HMB (3-Hydroxy-3-methylbuttersäure)

HMB ist „eine kurzkettige Fettsäure, die aus der essenziellen Aminosäure Leucin im Körper gebildet wird und auch in geringen Mengen in einigen proteinreichen Lebensmitteln vorkommt, wie etwa Fisch und Milch" (KIEFER & EKMEKCIOGLU 2014). Man hat herausgefunden, dass HMB den Muskelabbau vermindert und gleichzeitig die Proteinsynthese erhöht und sowohl bei Sportlern als auch Nichtsportlern eine Wirkung erzielt (KIEFER & EKMEKCIOGLU 2014). Hinsichtlich der Dosierung werden 1,5-3g HMB, als kleine Einzeldosen über den Tag verteilt, empfohlen (RASCHKA & RUF 2012). Sportler profitieren besonders davon, wenn sie HMB in zeitlicher Nähe zum Workout anwenden (KIEFER & EKMEKCIOGLU 2014).

Im Zeitraum von 2000 bis 2013 wurden acht Studien zu HMB durchgeführt und von SCHEK (2014) beschrieben. Jahrelang wurde angenommen, dass „HMB die Regeneration der Skelettmuskeln im Anschluss an hochintensive oder lang dauernde Belastungen beschleunigt, indem das aus ihm synthetisierte Cholesterin die Zellmembran der Muskelfasern stabilisiert" (SCHEK 2014). Daher wurde das Ausmaß trainingsbedingter Muskelschäden bei untrainierten Kraft- und Ausdauersportlern untersucht, wobei später auch noch Studien zu Muskelmasse und Kraft hinzukamen. Man kam zu zwei wesentlichen Annahmen: HMB soll das „Ubiquitin-Proteasom-System hemmen, das proteolytisch wirkt und unter katabolen Bedingungen verstärkt aktiv ist" und die „Proteinkinase mToR stimulieren, die die Proteinsynthese fördert", also anabol wirken (SCHEK 2014). In den durchgeführten Studien wurden über 2-12 Wochen 3g HMB pro Tag eingenommen. Es konnten durchaus positive Wirkungen auf die Verhinderung von Muskelschäden beziehungsweise auf den Kraftzuwachs verzeichnet werden, wobei diese bei untrainierten Probanden deutlich stärker festgestellt werden konnten als bei trainierten. Dies könnte an der ausgeprägteren Adaptation bei Trainingstimuli liegen: „Ein kaum trainierter Muskel ist empfänglicher für Schädigungen an den Muskelfasern und hat einen höheren Proteinumsatz, weshalb im Zusammenhang mit der Einnahme antikataboler bzw. anaboler Substanzen stärkere adaptive Reaktionen zu erwarten sind" (SCHEK 2014). Experten kamen zum Schluss, dass es in einem Zeitraum von ein bis zwei Monaten lediglich bei untrainierten Personen zu einer signifikanten Leistungsverbesserung kommt, während dies bei trainierten Personen nicht der Fall ist, solange nicht hochintensive Übungen häufig variiert werden, um Gewöhnungen der Muskeln an das jeweilige Trainingsprogramm zu vermeiden (SCHEK 2014). Auch KIEFER & EKMEKCIOGLU (2014) schreiben, dass die Substanz sowohl bei trainierten als auch untrainierten Personen eine Wirkung erzielen kann, sofern ein angemessenes Trainingsprogramm absolviert wurde. Auch HARTY et al. (2019) vergleichen in ihrem Artikel in Sports Medicine mehrere Studien, welche sich mit der Wirkung von HMB auf die Muskelregeneration beschäftigt haben. Die Ergebnisse werden kontrovers diskutiert, was darauf hindeutet, dass hier ein weiterer Untersuchungsbedarf besteht. Weiters soll HMB in Kombination mit einem strukturierten Trainingsprogramm zu einer höheren Fettreduktion führen und auch die Funktionalität verbessern, wovon besonders Ältere, die nur mehr wenig sportlich aktiv sind, profitieren können (KIEFER & EKMEKCIOGLU 2014). Sowohl KIEFER & EKMEKCIOGLU (2014) als auch RASCHKA & RUF (2012) schreiben, dass HMB zu den wenigen Substanzen gehört, bei denen bisher keine Nebenwirkungen gefunden werden konnten. Da aber noch unklar ist, ob es Langzeitwirkungen gibt, ist besonders bei Jugendlichen von einer Supplementierung abzuraten.

Generell sollte Sportlern klar sein, dass Nahrungsergänzungsmittel keinen Ausgleich für eine ungünstige Lebensmittelzusammenstellung darstellen (SCHEK 2014). Das International Olympic Committee sagt folgendes: „Athleten, die den Einsatz von Nahrungsergänzungsmitteln in Erwägung ziehen, sollten deren Wirksamkeit, Kosten, Risiken bezüglich Gesundheit und Leistung sowie die Möglichkeit einer positiven Testung auf Dopingsubstanzen bedenken" (SCHEK 2014). Selbes gilt – bis auf die geringe Wahrscheinlichkeit einer Dopingkontrolle – auch für den Freizeit- und Breitensport.

Zusammenfassend lässt sich sagen, dass, auch wenn manche Nahrungsergänzungsmittel nachweislich die Leistung steigern können, es trotzdem nicht bedeutet, dass diese Substanzen für jede Sportart und jeden Sportler geeignet sind (SCHEK 2014). Es muss auch immer die Bioverfügbarkeit der jeweiligen zusätzlich aufgenommenen Substanzen beachtet werden, da ab einer bestimmten Menge die Aufnahme im

Körper limitiert ist. Beispielsweise kommt es bei zusätzlicher Einnahme von Vitamin C ab einer Menge von circa 400mg zu einem Sättigungseffekt der Vitamin-C-Aufnahme im Darm, weshalb hohe Einzeldosen oft keinen weiteren Nutzen bringen (KIEFER & EKMEKCIOGLU 2014). Jeder, der sich dazu entscheidet, Nahrungsergänzungsmittel zu verwenden, sollte vorher laut MAUGHAN et al. (2018) einige wichtige Faktoren klären. Es ist einerseits zu kontrollieren, ob das eingenommene Produkt hinsichtlich der Inhaltsstoffe als sicher eingestuft werden kann. Weiters sollte man auch überprüfen, ob die versprochene Wirksamkeit überhaupt gegeben ist. MAUGHAN et al. (2018) schreiben, dass selbst bei zertifizierten Betrieben keine 100% Sicherheit und Wirksamkeit gegeben ist, da wie bereits oben erwähnt, zu wenige Produktkontrollen erfolgen. Außerdem müssen meist signifikante Beweise vorliegen, bevor ein bedenkliches Produkt tatsächlich vom Markt genommen wird. Generell ist es empfehlenswert, keine Supplemente, die mehrere verschiedene anregende Wirkstoffe enthalten, zu kaufen, da hier die Gefahr einer Kontamination höher ist. Darüber hinaus sollte man sich genau ansehen, wie das Produkt umworben wird. Wird die angebliche Wirkung auf übertriebene Weise angepriesen, sollte man kritisch werden. Generell sollte der Einsatz von Nahrungsergänzungsmitteln gut überlegt sein, und man sollte sich über die Auswirkungen auf die eigene Gesundheit bewusst sein, um die möglichen positiven Effekte zu maximieren und die möglichen gesundheitlichen Risiken zu minimieren (MAUGHAN et al. 2018).

7 Genetik und sportliche Leistung

„Nutrigenomics" ist eine neue wissenschaftliche Disziplin, der sich GUEST et al. (2019) in ihrem aktuellen Artikel widmen. GUEST et al. (2019) erklären, dass die richtige Ernährung eine enorm wichtige Rolle spielt, um Gesundheit und Leistungsfähigkeit im Sport zu optimieren. Auch wenn die Leistung im Sport deutlich von der Ernährung beeinflusst wird, ist jedoch zu berücksichtigen, dass die Reaktion auf Nährstoffe der gleichen Nahrungsmittel beziehungsweise Nahrungsergänzungsmittel von Mensch zu Mensch unterschiedlich ist. Das gilt für alle, egal ob jung oder alt, Mann oder Frau, Profi- oder Hobbysportler. GUEST et al. (2019) sind überzeugt, dass es keinen optimalen Ernährungsplan für Sportler gibt, der für jeden Einzelnen passend ist. Ernährungspläne im Sport sollen auf die individuellen Bedürfnisse abgestimmt werden und die jeweiligen Reaktionen auf verschiedene Optimierungsstrategien berücksichtigen. Zu diesen Strategien gehören Ernährungsgewohnheiten, Makro- und Mikronährstoffzufuhr, sowie Nahrungsergänzungsmittel beziehungsweise leistungssteigernde Substanzen. Studien der Nutrigenetik zeigen, dass die genetische Veranlagung Einflüsse auf die Aufnahme, die Verstoffwechslung, Nutzung und Ausscheidung von Nährstoffen hat. Es ist daher naheliegend, dass ein Gentest, der Aufschluss über die Verwertung von Nährstoffen gibt, für Sportler hilfreicher ist, um Gesundheit und Leistung zu optimieren, als Ratschläge von Ernährungsexperten. Das Interesse an der Nutrigenetik sowie die Nachfrage an Gentests zur Ernährungsoptimierung steigt, besonders bei Wettkampfsportlern, stetig. Bisher wurden einige Studien über den Zusammenhang von Genen und deren Auswirkung auf die individuelle Gesundheit und Leistung von Sportlern bei Aufnahme verschiedener Mikro- und Makronährstoffen durchgeführt. Dazu wurden sowohl Profi- als auch Hobbysportler getestet. Es zeigte sich, wie in Abbildung 12 dargestellt, dass Sportler unterschiedlichen Genotyps auch unterschiedlich auf bestimmte Nährstoffe reagieren. Nährstoffe, die bei einigen Athleten zu Leistungssteigerung führen, zeigen bei anderen Athleten wiederrum keine positiven oder sogar negative Effekte (GUEST et al. 2019). Laut GUEST et al. (2019) gehört Koffein zu den Substanzen, die bisher am häufigsten untersucht wurden. In verschiedenen Studien hat sich gezeigt, dass individuelle Unterschiede in der Leistungssteigerung auf die Gene CYP1A2 sowie ADORA2 zurückzuführen sind. Diese Gene sind für die Verstoffwechselung und Reaktion auf Koffein im Körper verantwortlich. Man hat herausgefunden, dass Koffein von manchen Menschen schnell und von anderen vergleichsweise langsam metabolisiert wird, was von der Enzymaktivität des CYP1A2 Enzyms abhängig ist, welches vom CYP1A2 Gen kodiert wird. In einer Studie mit männlichen Radfahrerathleten wurde ihre Leistung auf einer Strecke von 10km unter Gabe von keinem Koffein, einer kleineren Koffeindosis (2mg/kg) und einer größeren Koffeindosis (4mg/kg) untersucht. Die Ergebnisse zeigten, dass diejenigen Athleten, die bezüglich ihres Genotyps zu den „schnellen" Verstoffwechslern von Koffein zählen, ihre Leistung durch Koffein bei einer Dosis von 4mg/kg um etwa 6% steigern konnten, während die „langsamen" Verstoffwechsler von Koffein keine Verbesserung oder sogar eine Verschlechterung ihrer Leistung verzeichnen konnten (GUEST et al. 2019).

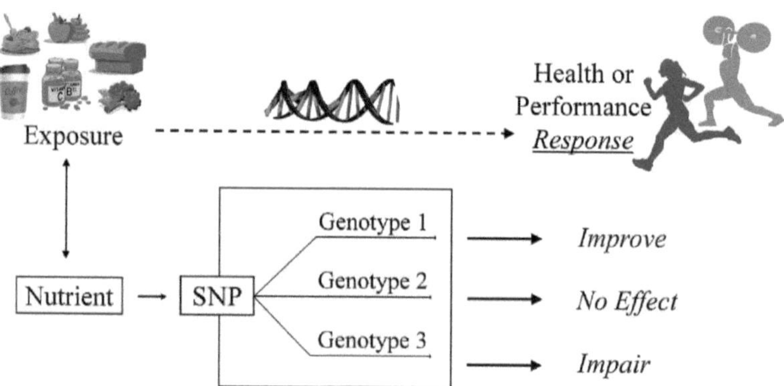

Abbildung 13: Zusammenhang zwischen Nährstoff, Genotyp, Leistung und Gesundheit (GUEST et al. 2019).

GUEST et al. (2019) erklären auch die Wichtigkeit von Mikronährstoffen für die sportliche Gesundheit und Leistung. Sie betonen, dass auch hier genetische Unterschiede eine wichtige Rolle spielen. In einer anderen Studie, bei der Gene der Eisenaufnahme untersucht wurden, wie HFE oder TF, konnte beispielsweise festgestellt werden, dass manche Menschen dazu neigen, zu viel oder zu wenig Eisen im Körper aufzunehmen. Während das HFE Gen dazu verwendet werden kann, das Risiko für einen Eisenüberschuss zu untersuchen, dient das Gen TF für die Untersuchung eines Eisenmangels. Sportlern wird oft empfohlen, bei übermäßiger körperlicher Belastung zusätzlich Eisentabletten einzunehmen, ohne genetische Unterschiede zwischen Menschen zu beachten. Dies kann sich daher sowohl positiv als auch negativ auf die Gesundheit und Leistung verschiedener Menschen auswirken (GUEST et al. 2019). GUEST et al. (2019) betonen zum Beispiel die Gefahr von oxidativem Stress und deren negative Auswirkung auf die Gesundheit, sowie eine verminderte sportlichen Leistungsfähigkeit bei Eisenüberschuss, was bedeuten würde, dass eine Supplementierung nur bei Menschen, die dazu neigen Eisen schlecht einzulagern, sinnvoll wäre (GUEST et al. 2019). Studien, die zu den Makronährstoffen Kohlenhydrate, Proteine und Fette durchgeführt wurden, zeigen laut GUEST et al. (2019) ebenfalls genetische Unterschiede hinsichtlich ihrer Wirkung auf den menschlichen Körper. Das Gen FTO, welches das Fettmasse und Fettleibigkeit-assoziierte Protein kodiert, hat maßgeblichen Einfluss auf die Fettverbrennung im Körper. GUEST et al. (2019) erklären, dass ein optimales Muskel-Fett-Verhältnis wichtig für die sportliche Leistungsfähigkeit ist. Während es Menschen gibt, die bei erhöhter Proteinzufuhr zu einem besseren Muskel-Fett-Verhältnis neigen, ist bei anderen das Gegenteil der Fall. Selbes gilt für die Menge an Fett und Kohlenhydraten, die aufgenommen wird. Dies bedeutet, dass die Kohlenhydrat-, Fett- und Proteinaufnahme individuell auf den Menschen abgestimmt werden sollte, um ein optimales Ergebnis hinsichtlich der körperlichen Leistung zu erzielen (GUEST et al. 2019). GUEST et al. (2019) betonen, dass hierbei ein genetisches Profil hilfreich sein kann.

Es zeigt sich, dass die Nutrigenetik eine Möglichkeit eröffnet, mit der man gezielt herausfinden kann, wie man seine sportliche Leistung auf effektive Weise steigern kann. GUEST et al. (2019) sind überzeugt, dass sich Wettkampfsportler durch individuelle leistungsorientierte genetische Informationen Vorteile verschaffen können. So könnten die zahlreich auftretenden Dopingskandale und gesundheitlichen Konsequenzen durch Überdosierungen von Nahrungsergänzungsmitteln verringert werden. Nichts desto trotz müssen neben der genetischen Veranlagung auch Geschlecht, Alter, gesundheitlicher Status, sowie Lebensmittelintoleranzen und Allergien ebenfalls berücksichtigt werden, um ein optimales Ergebnis für jeden Sportler erreichen zu können. Auch wenn zurzeit noch ausreichend wissenschaftlich basierte Ergebnisse über die Vorteile von Nutrigenetik im Sport fehlen, wird es als potenzielle Methode zur Verbesserung der Gesundheit und Leistung von Sportlern gesehen, die in den nächsten Jahrzehnten immer mehr Anwendung finden könnte (GUEST et al. 2019).

8 Fazit

Doping war und ist ein großes Thema unserer Gesellschaft. Gerade im Sport stoßen viele Menschen an ihre Grenzen und streben danach, ihre Leistung zu steigern. Dopingskandale und Missbrauchsfälle im Spitzensport sind keine Seltenheit und die Liste an Dopingmittel und Dopingmethoden scheint immer länger und länger zu werden. Verbotene Substanzen wie Anabolika und Diuretika oder verbotene Methoden wie Blutdoping oder Gendoping sind zwar hinsichtlich ihrer leistungssteigernden Wirkung effektiv, jedoch eine Gefahr für die Gesundheit von Sportlerinnen und Sportlern. Auch im Freizeit- und Breitensport wird immer wieder zu leistungssteigernden Mitteln gegriffen. Schönheitsideale, Imageverbesserung und Minderwertigkeitskomplexe zählen zu den häufigsten Gründen dafür. Die wenigsten Menschen sind sich über die negativen Folgen für ihre Gesundheit bewusst und lassen sich durch Medien und Marketingstrategien beeinflussen. Es scheint daher umso wichtiger, nach legalen und natürlichen Alternativen der Leistungssteigerung zu suchen. Ziel dieser Arbeit war es, diese Alternativen den synthetischen Dopingmitteln und -methoden gegenüber zu stellen. Klar ist, dass alle Substanzen, die laut WADA in oder auch außerhalb des Wettkampfsports verboten sind, die Leistung eindeutig steigern können. Allerdings sind sie sowohl aus ethischer als auch gesundheitlicher Sicht sehr umstritten und hinsichtlich der sportlichen Fairness abzulehnen.

Es gibt bereits einige Studien, welche die leistungssteigernde Wirkung von Makro- und Mikronährstoffen sowie Kräutern und auch Nahrungsergänzungsmittel untersucht haben.

Feststeht, dass der Bedarf an Makro- und Mikronährstoffen im Sport leicht erhöht ist und unbedingt gedeckt werden muss, um Leistungseinbrüche zu verhindern. Dieser kann insbesondere im Freizeitsport durch eine bewusste, ausgewogene Ernährung gut gedeckt werden. Werden Ernährungspläne auf die individuellen Bedürfnisse optimal abgestimmt, kann auch von einer positiven Wirkung auf die Leistung und einer Verbesserung der Regeneration ausgegangen werden.

Auch die erogene Wirkung von Kräutern sollte nicht außer Acht gelassen werden. Allgemein kann man sagen, dass viele der positiven Eigenschaften von Makro- und Mikronährstoffen in Lebensmitteln auch in Kräutern vorzufinden sind. Positive Wirkungen auf die körperliche Leistung kommen in diesen Pflanzen oft in kombinierter, wenn auch geringerer, Form vor. Viele besprochene Wirkungen sind noch zu wenig erforscht, jedoch steht fest, dass dem Potenzial dieser Pflanzen, die körperliche Leistungsfähigkeit auf natürliche Weise zu steigern, Aufmerksamkeit geschenkt werden sollte.

Oft wird, um seine Leistung zu steigern, auch zu Nahrungsergänzungsmitteln gegriffen. Die Auswahl ist vielfältig und zahlreich und dadurch auch nahezu unkontrollierbar. Viele der angepriesenen Mittel halten jedoch nicht, was sie versprechen und haben auch oftmals negative Folgen für die Gesundheit, weshalb es gut überlegt sein sollte, ob man zu Nahrungsergänzungsmitteln greift. Eine Supplementation ist möglicherweise im Profisport sinnvoll, da hier Sportler sowohl im täglichen Training als auch im Wettkampf eine gleichbleibende Leistung erbringen sollen. Im Freizeit- und Breitensport, wo weniger intensiv trainiert wird, ist es jedoch empfehlenswert, seinen Bedarf an Nährstoffen über eine ausgewogene Ernährung zu decken und sich ausreichend Trainingspausen zu gönnen, um einen Leistungsabfall zu verhindern.

Hinsichtlich der sportlichen Leistungssteigerung sollten generell individuelle Unterschiede zwischen Sportlerinnen und Sportlern berücksichtigt werden. Ernährungsempfehlungen sollten immer auf die Belastungsintensität beziehungsweise das Leistungsniveau, Alter, Geschlecht sowie Körpergewicht bezogen werden. Auch der Trainingszustand darf nicht außer Acht gelassen werden, da Studien gezeigt haben, dass viele leistungssteigernde Mittel bei untrainierten Personen eine deutlich höhere Wirkung haben als bei trainierten Personen. Darüber hinaus sollte auch die genetische Veranlagung berücksichtigt werden. Studien im Bereich der Nutrigenetik zeigen, dass eine Auswertung des genetischen Profils sinnvoll sein kann, um Überdosierungen und somit negative Auswirkungen auf Leistung und Gesundheit zu verringern. Die Nutrigenetik bietet eine Möglichkeit für Sportler, sich über den eigenen Bedarf an Nährstoffen zu informieren und gibt so Auskunft darüber, wie man die sportliche Leistung über eine optimale Zufuhr von Nährstoffen verbessern kann. Gleichzeitig könnten gesundheitliche Risiken durch Überschuss und Mangel an Nährstoffen, sowie Kosten für Nahrungsergänzungsmittel verringert werden. Bisher wurden jedoch noch nicht ausreichend entsprechende wissenschaftliche Studien durchgeführt. Trotzdem handelt es sich hier um ein attraktives Feld, welches in Zukunft den Missbrauch von Dopingmitteln einschränken könnte.

Insgesamt kann man sagen, dass durch natürliche Substanzen durchaus eine Steigerung der Leistungsfähigkeit mit geringeren gesundheitlichen Risiken erreicht werden kann. Ein direkter Vergleich der Effektivität von synthetischen und natürlichen Dopingmittel und -methoden ist derzeit noch nicht möglich, da noch zu wenige Studienergebnisse in diesem Bereich vorliegen. Trotzdem sind insbesondere aus gesundheitlichen und ethischen Gründen natürliche, leistungssteigernde Mittel zu bevorzugen.

Letztendlich ist es allen Sportlern selbst überlassen, wie sie ihre Leistung steigern. Es sollte jedoch Ziel sein, ein größeres Bewusstsein über natürliche und vor allem legale Alternativen zu herkömmlichem Doping zu schaffen. Besonders der Profisport sollte hier für den Freizeit- und Breitensport Vorbildwirkung haben.

Literaturverzeichnis

Ekmekcioglu C. & Kiefer I. (2014): Fitness geht durch den Magen. Wie Ernährung unsere geistige und körperliche Leistungsfähigkeit beeinflusst. 1. Auflage, 231 Seiten. Braumüller, Wien.

Guest S. N., Horne J., Vanderhout S. M. & El-Sohemy A. (2019): Sport Nutrigenomics: Personalized Nutrition for Athletic Performance. Frontiers in Nutrition, 6 (8): 1-16.

Harty S. P., Megan L. C., James K. M. & Chad M. K. (2019): Nutritional and Supplementation Strategies to Prevent and Attenuate Exercise-Induced Muscle Damage: a Brief Review. Sports Medicine, 5 (1): 1-17.

Lange C., Hoebel J., Kamtsiuris P., Müters S., Schilling R. & Lippe E. (2011): KOLIBRI: Studie zum Konsum leistungsbeeinflussender Mittel in Alltag und Freizeit. Ergebnisbericht. Robert Koch-Institut, Berlin.

Maughan J. R., Shirreffs M. S. & Vernec A. (2018): Making Decisions About Supplement Use. International Journal of Sport Nutrition and Exercise Metabolism, 28: 212-219.

Müller R. K. (2004): Doping: Methoden, Wirkungen, Kontrolle. 1. Auflage, 128 Seiten. Verlag C. H. Beck, München.

Raschka C. & Ruf S. (2012): Sport und Ernährung. Wissenschaftlich basierte Empfehlungen und Ernährungspläne für die Praxis. 1. Auflage, 202 Seiten. Georg Thieme Verlag, Stuttgart.

Schek A. (2014): Ernährung des Leistungssportlers in Training und Wettkampf. Ernährungs- umschau, 7: 370-379.

Schöffel N., Ekkernkamp A., Groneberg D. A. & Thielemann H. (2015): Schwarzbuch Doping: Methoden, Mittel, Machenschaften. 1. Auflage, 198 Seiten. Medizinisch Wissenschaftliche Verlagsgesellschaft, Berlin.

Sellami M., Slimeni O., Pokrywka A., Kuvacic G., Hayes D. L. & Milic M. (2018): Herbal medicine for sports: a review. Journal of the International Society of Sports Nutrition, 15 (14): 1-14.

Siegmund-Schultze N. (2013): Leistungsbeeinflussende Substanzen im Breiten- und Freizeitsport. Trainieren mit allen Mitteln. Deutsches Ärzteblatt, 110: 1422-1426.

Wonisch R. & Pokan R. (2014): Doping und Herz: Was der Facharzt wissen muss. Journal für Kardiologie – Austrian Journal of Cardiology, 21 (5-6): 139-143.